하 루 5 분
아빠 목소리

하루 5분 아빠 목소리

태교 동화를 읽는 시간, 지혜를 배우는 아이

정홍 글 | 김승연 그림

위즈덤하우스

프롤로그 아빠 연습을 하는 시간 009

1
CHAPTER

진짜 똑똑한 사람은 마음으로 생각하는 사람이야
마음과 생각이 함께 자라는 이야기

**마녀의
레시피**
- 아빠의 동화 • 016
- 하루 5분 아빠 목소리 태교 동화 • 040
- 아빠의 생각보따리 "마음에 귀 기울이는 아이로 자라렴." • 044

**도서관
할 배
춘삼이**
- 아빠의 동화 • 048
- 하루 5분 아빠 목소리 태교 동화 • 066
- 아빠의 생각보따리 "설렘을 사랑하는 아이로 자라렴." • 070

**눈사람
무센의
항 해**
- 아빠의 동화 • 074
- 하루 5분 아빠 목소리 태교 동화 • 101
- 아빠의 생각보따리 "가슴에 별을 품은 아이로 자라렴." • 106

2
CHAPTER

정말 아름다운 사람은 자기다움을 가진 사람이야
나답게 크는 이야기

하늘의 페인트공
- 아빠의 동화 • 112
- 하루 5분 아빠 목소리 태교 동화 • 131
- 아빠의 생각보따리 "늘 아름답게 빛나는 아이로 자라렴." • 136

왕비와 거울
- 아빠의 동화 • 140
- 하루 5분 아빠 목소리 태교 동화 • 156
- 아빠의 생각보따리 "자기만의 아름다움을 찾는 아이로 자라렴." • 160

만만디의 우연한 모험
- 아빠의 동화 • 164
- 하루 5분 아빠 목소리 태교 동화 • 194
- 아빠의 생각보따리 "주인처럼 생각하는 아이로 자라렴." • 199

3
CHAPTER

꿈꾸고 상상하는 그대로 살게 될 거야
세상을 꿈으로 채우는 이야기

**시골극장
레젠다**

- 아빠의 동화 • 204
- 하루 5분 아빠 목소리 태교 동화 • 229
- 아빠의 생각보따리 "쉽게 포기하지 않는 아이로 자라렴." • 234

**회색
곰의
딸**

- 아빠의 동화 • 238
- 하루 5분 아빠 목소리 태교 동화 • 263
- 아빠의 생각보따리 "어려움을 이기는 아이로 자라렴." • 268

**미카의
하 루**

- 아빠의 동화 • 272
- 하루 5분 아빠 목소리 태교 동화 • 297
- 아빠의 생각보따리 "간절히 원하는 아이로 자라렴." • 302

에필로그 둥둥, 신나는 세상 속으로 306

아빠 연습을 하는 시간

난생처음 누군가에게 책을 읽어주자니 조금은 당혹스럽고 어색하시죠? 게다가 배 속의 아이를 위한 동화라서 말투도 여간 신경 쓰이는 게 아닙니다. 아마 대부분의 예비 아빠들은 동화를 소리 내어 읽어본 경험이 거의 없을 겁니다. 솔직히 태교 동화를 쓰는 저도 그랬습니다. 모든 첫 만남이 그렇듯 지금 이 순간도 약간은 어색한 게 오히려 자연스럽습니다.

어떻게 보면 태아에게 동화를 읽어주는 일은 아이와의 첫 만남인 동시에 남자에서 아빠로 거듭나는 과정이기도 합니다. 그래서 아내의 배 위에 손을 가만히 얹고 낮은 목소리로 천천히 이야기를 들려줄 때 그 목소리는 아이와 아빠의 내면에 골고루 전달됩니다. 아이가 꿈틀거리며 태동으로 반응하는 것처럼 아빠라는 새로운 존재도 서서히 눈을 뜨게 되죠.

그렇습니다. 태교 동화를 읽는 시간은 곧 아빠 연습을 하는 시간이며 훗날 자녀와 함께 걷게 될 수많은 소통의 길을 미리 닦는 시간입니다. 그러니 지금 이 순간을 온전히 행복하게 누리길 바랍니다.

전작인 『하루 5분 엄마 목소리』는 세 아이가 차례차례 태어나는 동안 아내의 머리맡에서 구상했던 이야기들을 모아 펴낸 책입니다. 그리고 이번 책은 그 아이들과 호수공원을 걷거나 옛 골목길을 산책하면서 함께 상상하고 지어낸 이야기들로 채워 구성했습니다.

전작처럼 이 책도 정서 지능의 중요성을 이야기 속에 담고 있지만, 아빠가 읽어준다는 점에서 좀더 실용적인 정서 지능에 초점을 맞추려고 애썼습니다. 풀어 말하면 '마음 좋은 아이로 크는 이야기'쯤 되겠습니다.

흔히 '머리가 좋다'는 말은 자주 쓰지만 '마음이 좋다'는 표현은 잘 쓰지 않습니다. 하지만 '똑똑한 두뇌'까지 포함해 모든 인성을 아우르는 근본 바탕이 바로 '똑똑한 마음'이라고 할 수 있습니다. 그래서 이 책의 등장인물들은 제각각 마음에 귀 기울이고, 어려움을 이겨내며, 기대와 설렘을 통해 자신의 꿈을 이루어나갑니다.

태아에게 이야기를 읽어주는 동안 아빠들은 훗날 아이가 마음 좋은 사람으로 성장할 수 있는 환경을 어떻게 만들어줄지에 대해서도 곰곰이 생각하는 시간을 갖게 될 것입니다.

아빠의 목소리로 태교 동화를 읽어줄 때 아이는 훨씬 더 풍요로운 자극을 받을 수 있습니다. 왜냐하면 낮고 굵게 울려 퍼지는 아빠의 목소리뿐만 아니라 엄마의 정서적 안정감과 감동, 행복까지 동시에 전달되기 때문입니다. 그래서 아빠의 태교는 부모와 아이 모두를 위한 사랑의 과정이며 가족으로서의 첫 약속과도 같습니다. 아이가 태어나자마자 아빠의 손가락을 꼭 쥐는 것도 바로 그 이유가 아닐까요?

자, 그럼 이제 마음을 낮추고 설레는 마음으로 아이에게 아빠의 첫 음성을 들려주세요.

1

CHAPTER

✦

진짜 똑똑한 사람은
마음으로 생각하는 사람이야

마음과 생각이 함께 자라는 이야기

희망의 주문을 외워 요리를 해보세요.
한 접시로도 온 세상이 배불러요.

마음 가득 기대와 설렘을 품어보세요.
우연처럼 행운이 찾아올 거예요.

길을 잃으면 마음을 들여다보세요.
그 속에서 늘 빛나던 별이 길을 밝혀줄 거예요.

• 일러두기
이 책에 수록된 동화는 아빠를 위한 긴 동화와 아이를 위한 짧은 동화로 구성되어 있습니다.
아빠가 먼저 동화를 읽고 느낀 재미와 감동을 아빠의 목소리에 그대로 담아 아이에게도 전해주세요.
그리고 생각보따리에 담긴 주제에 대해서도 아이와 함께 이야기를 나누며 교감을 느껴보세요.

마녀의
레시피

지니의 레스토랑은 바닷가 언덕 위에 있습니다. 어제까지
만 해도 이곳은 아무도 찾지 않는 폐허에 불과했습니다.
곳곳에 부서진 성벽의 잔해와 짐승의 뼈다귀가 널려 있고,
바닷바람은 쉴 새 없이 쓰레기를 몰고 왔습니다.

"레스토랑 차리기에 딱 안성맞춤이군."

지니가 지팡이를 휘두르며 주문을 외우자 갑자기 바
다 쪽에서 뿌연 안개가 몰려왔습니다. 다음 날 아침, 언덕
위에는 땅에서 불쑥 솟아난 듯 하얀 집 한 채가 생겨나 있
었습니다.

"어, 저길 봐! 언제 저런 게 생겼지?"

사람들은 자기도 모르게 언덕 위의 아름다운 집으로
발걸음을 하나둘 옮기기 시작했습니다. 입구에는 이런 팻
말이 적혀 있었습니다.

지니의 행복한 레스토랑,

오픈 기념으로 오늘 하루 공짜

"공짜래, 공짜!"

지니의 레스토랑은 순식간에 손님으로 가득 찼습니다. 잠시 후 지니가 주방에서 걸어 나왔습니다. 하얀 꽃무늬 앞치마를 두르고 머리는 빨간 두건으로 질끈 둘러맨 모습이었습니다. 지니는 손님 한 사람, 한 사람에게 친절하게 인사를 건네며 메뉴판을 내밀었습니다. 메뉴판에는 이런 문구가 적혀 있었습니다.

주문하기 전에 먼저 눈을 감아보세요.

그리고 지금 자신의 기분을 바라보세요.

혹시 더 나은 기분을 느끼고 싶나요?

자, 그럼 다시 눈을 뜨고 메뉴판을 보세요.

이제 당신의 메뉴가 보일 거예요.

"허참, 특이한 레스토랑이네, 안 그래?"

손님들은 재미있다는 듯 눈을 감고 명상에 잠기기 시작합니다. 시끌벅적하던 레스토랑이 조용해지고 멀리서 파도 소리와 바람 소리만 희미하게 들려옵니다. 이윽고 한 사람, 두 사람씩 눈을 뜨고 메뉴판을 바라봅니다.

첫사랑의 설렘을 곁들인 오렌지 향 베이컨 바게드

아기 숨결에 말린 산딸기를 엄마의 마음 위에 얹은 달빛 케이크

순결한 고백의 레몬 후추를 뿌린 참돔 바비큐

열정보다 뜨거운 루비 빛 토마토 수프

줄기줄기 희망을 건져 올린 미스트랄 스파게티

"맞아, 딱 이거야!"

손님들이 빽빽하게 적힌 메뉴 가운데서 유난히 끌리는 자기만의 메뉴를 고르기 시작했습니다.

지니는 테이블 사이를 바람처럼 지나다니며 메뉴를 일일이 받아 적고는 연극의 2막을 준비하는 여주인공처럼 콧노래를 부르며 주방으로 사라졌습니다.

"첫날부터 대박이야!"

주방에 들어오자마자 지니는 주문 쪽지를 벽에 붙이며 들뜬 목소리로 외쳤습니다.

"쳇, 세상에 공짜 싫어하는 사람도 있나?"

선반 위에 앉아 있던 까마귀 도노반은 그저 시큰둥하기만 합니다.

"원래 시작은 이렇게 하는 거야!"

지니는 도노반을 째려본 다음 팔을 걷고 요리를 시작했습니다. 고기를 다듬고, 양파 껍질을 까고, 토마토를 썰고, 감자를 삶고……. 지니의 손놀림은 믿기 힘들 정도로 빨랐습니다.

"도노반! 그렇게 구경만 하고 있을 거야? 빨리 안 거들어?"

지니가 소리를 빽 지르자 까마귀 도노반은 펑, 소리와 함께 순식간에 웨이터 차림의 소년으로 변했습니다. 도노반이 완성된 요리를 접시에 담는 동안 지니는 품 속에서 양념통을 꺼내 접시 위에 살살 뿌리며 주문을 겁니다.

"마법의 양념 가루야, 이제부터 저주의 맛을 선보일 시간이야."

양팔 가득 접시를 들고 나가는 도노반의 뒷모습을 보며 지니는 차가운 미소를 지었습니다.

지니는 마왕의 열세 번째 딸입니다. 위로 열두 명의 언니들은 모두 악명 높은 마녀가 되었지만 지니는 여전히 마녀 수업을 받는 중입니다.

"지니 저 녀석은 대체 누굴 닮아서 저리도 빙충맞단 말인가!"

마왕은 날마다 막내딸 걱정에 한숨만 푹푹 내쉬었습니다. 지니도 답답하긴 마찬가지였습니다. 하루빨리 훌륭한 마녀가 되어 아버지를 기쁘게 해주고 싶었지만 결과는 늘 엉망이었습니다. 백성들로부터 사랑받는 왕자에게 '개구리로 변하라'는 저주를 내렸더니 왕국의 모든 개구리가 잘생긴 청년으로 변해버리는 식이었습니다. 또 한번은 공주의 눈을 멀게 하는 주문을 외웠다가 오히려 천리안을 가진 초능력 공주로 만들기도 했습니다.

"난 도대체 왜 이 모양이지?"

지니는 죽고 싶을 만큼 괴로웠습니다. 주문을 곧잘 외다가도 가장 중요한 마지막 부분에서 늘 거꾸로 외거나 엉뚱한 주문을 걸곤 했던 겁니다.

"아무래도 지니는 마녀가 될 수 없는 운명인가 보다."

어느 날 마왕이 이렇게 말하자 지니는 가슴이 철렁 내려앉았습니다. 마녀가 되지 못하면 아버지 곁을 떠나 머나먼 숲에서 혼자 평범하게 살아야 하기 때문입니다. 어릴 때 엄마를 잃은 뒤로 지니는 혼자 남겨지는 것이 가장 두렵습니다.

"아버지, 마지막으로 한 번만 더 기회를 주세요. 이번엔 꼭 성공할 수 있어요."

"어떻게 성공한단 말이냐? 네가 무슨 수로?"

"사람들에게 불행을 몰고 오는 마법의 요리를 먹일 거예요."

지니는 오래전부터 몰래 연구해 온 마법의 양념 가루를 내보이며 자신 있게 말했습니다.

"이 양념 가루는 사람들의 마음속에서 가장 약한 부분을 파고들어 더욱 약하게 만드는 힘을 갖고 있어요. 그래서 걱정을 자주 하는 사람은 더 큰 걱정에 시달리게 하고, 신경질적인 사람은 툭하면 버럭버럭 화를 내게 만들죠. 절망은 더 큰 절망으로, 외로움은 더 큰 외로움으로 변할 거예요. 사랑은 미움으로 변하고, 희망은 금세 좌절로 변하죠."

"그걸 너 혼자 힘으로 만들었단 말이냐?"

"예, 재료를 모으는 데만 십 년이 걸렸지 뭐예요? 썩은 두꺼비 알부터 밟혀 죽은 전갈의 독침, 잠자리의 찢어진 날개……."

"아아 그만, 됐다! 그나저나 그런 요리를 과연 사람들이 순순히 먹을까?"

"그러니까 속임수를 써야죠. 정말로 맛있는 요리를 만드는 거예요. 마법의 메뉴판도 준비했어요. 사람들이 선택하는 메뉴가 바로 마음의 가장 약한 곳을 가리키는 표시예요. 거기다 이 양념 가루만 살짝 뿌려주면 그걸로 끝이에요. 열정의 수프를 먹으면 오히려 점점 무기력해지고, 희망의 스파게티를 먹으면 날이 갈수록 절망을 느끼게 될 거예요."

마왕은 지니가 이렇게 자신만만해 하는 모습을 처음 봤습니다. 하지만 아직은 믿음이 가지 않았습니다.

"일단 허락하노라! 가서 그 마을에 먹구름처럼 어두운 감정이 드리우도록 하라! 단, 그 마법의 양념 가루가 제대로 성공하기 전에는 절대로 돌아올 수 없다. 약속할 수 있겠니?"

지니는 '약속'이란 말에 뜨끔했습니다. 마법의 세계에서는 약속이 생명과도 같아서 약속을 어기는 사람은 누구든 벌을 받게 됩니다. 잠시 후 지니는 결연한 표정으로 말했습니다.

"네, 약속할게요."

지니는 곧장 마법의 빗자루를 타고 바닷가 마을로 날아갔습니다. 지니의 모습을 바라보던 마왕은 까마귀에게 명령했습니다.

"도노반, 가서 지니가 제대로 하는지 잘 지켜보아라."

까마귀 도노반은 투덜투덜하며 지니를 뒤쫓았습니다.

지니는 언덕 위의 폐허를 아름다운 집으로 바꾼 다음 '지니의 행복한 레스토랑'이라는 팻말을 내걸었습니다.

"이번엔 꼭 성공할 거야!"

다음 날 아침, 지니는 레스토랑을 향해 몰려오는 마을 사람들을 바라보며 씨익 웃었습니다.

하지만 불행히도 지니는 또 실패하고 말았습니다. 지니의 요리에 대한 반응이 기대했던 것과 정반대로 나타난 것입니다.

"기가 막히네! 맛도 맛이지만 기분이 정말 좋아졌어!"

"최고야! 왠지 앞으로 멋진 일만 생길 것 같은 기분인걸."

레스토랑은 완전히 행복의 도가니였습니다. 흥겹게 노래하는 사람, 춤추는 사람, 이마에 키스를 퍼붓는 사람들로 마치 축제가 펼쳐진 것 같은 분위기였습니다.

"어어, 이게 아닌데, 이게 아닌데……."

주방에서 홀을 지켜보던 지니가 머리를 감싸 쥐며 괴로워하자, 도노반이 한심한 듯 혀를 차며 말합니다.

"쯧쯧, 대박도 이런 대박이 없네. 완전 초대박일세!"

그러자 지니는 도노반에게 커다란 프라이팬을 확 집어 던지며 소리쳤습니다.

"시끄러, 이 못생긴 까마귀야! 내가 이대로 물러설 줄 알아? 이건 그냥 시험용

이야, 시험용! 내일부턴 진짜 마법의 양념 맛을 보여주지!"

지니는 마법 책을 펼쳐놓고 밤새도록 악마의 주문을 뒤졌습니다. 그리고 날이 밝을 때까지 마법의 양념 가루를 흔들어대며 새로운 주문을 외고 또 외웠습니다.

하지만 다음 날, 그 다음 날도 손님들의 반응은 여전히 열광적이었습니다. 어떤 사람은 지니의 요리 덕분에 원수처럼 지내던 사람과 30년 만에 화해를 했고, 또 어떤 손님은 오랜 우울증에서 벗어나 사람들과 어울리기 시작했다고 말합니다.

지니의 행복한 레스토랑은 이름 그대로 행복을 주는 곳이 되어버리고 말았습니다. 사람들은 지니를 '하늘이 내려준 최고의 셰프'라 불렀고, 지니의 요리를 맛보기 위해 언덕 아래까지 길게 줄을 섰습니다.

"정말 너처럼 멍청한 마녀는 처음 본다. 이 사실을 마왕님이 알게 되면……."

도노반이 말을 채 끝맺기도 전에 프라이팬이 날아왔습니다.

지니는 마법의 양념 가루에 무엇이 빠졌는지 도대체 알 수가 없었습니다. 밤마다 숲과 바다를 뒤져가며 생선 뼈다귀, 깨진 조개껍데기, 말라비틀어진 산딸기 따위를 가져와 곱게 빻은 다음 양념 가루에 넣어봤지만 별 소용이 없었습니다. 오히려 지니의 요리는 천상의 맛과 최고의 기분을 넘어 이제 사람들의 외모까지 변화시키기 시작했습니다. 늘 우중충한 옷만 입던 사람이 어느 날 화사한 차림으로 나타나는가 하면, 헝클어진 머리칼이 단정하게 바뀌고, 축 처졌던 어깨가 곧게 펴졌습니다. 심지어 주름살조차 하나둘씩 사라지더니 얼굴에 생기가 돌았습니다.

"이건 아니야, 이건 정말 내가 원한 게 아니란 말이야!"

지니는 밤마다 접시를 내던지며 괴로워했습니다. 그때마다 도노반은 고개를 절레절레 흔들며 말했습니다.

"지니, 아무래도 마법의 양념 가루는 소용이 없는 것 같아. 내가 보기에 넌 절대로 마녀가 될 수 없는 운명이야. 솔직히 말해봐. 사람들이 네 요리를 먹고 행복해 하는 게 좋지 않아?"

말이 끝나자마자 접시가 날아왔습니다.

"알지도 못하면서 함부로 얘기하지 마! 난 마녀야, 마녀! 난 사람들이 행복해지는 게 싫단 말이야!"

도노반은 날아오는 접시들을 요리조리 피하며 중얼거렸습니다.

"아따 성질하고는."

늦은 밤, 누군가 레스토랑 문을 두드렸습니다. 문밖에는 한 소년이 서 있었습니다.

"정말 미안한데요. 혹시 요리를 포장해주실 수 있나요?"

"지금은 영업이 다 끝났어. 그리고 여긴 포장이 안 돼."

지니가 문을 닫으려 하자 소년은 문고리를 꽉 붙잡은 채 다급하게 말했습니다.

"제발 부탁이에요. 할머니가 많이 아파요. 벌써 몇 달째 아무것도 못 먹어서 점점 말라가고 있어요. 사람들이 그러는데 돌아가시기 전에 꼭 한번은 지니의 요리를 맛보게 해드려야 한대요. 제발요, 네?"

지니는 소년의 얼굴을 물끄러미 보다가 불쑥 물었습니다.

"할머니랑 사니? 엄마 아빠는?"

"없어요."

소년은 아기 때부터 할머니와 단둘이 살았다고 합니다.

"이름이 뭐지?"

"토토예요."

"좋아, 오늘만 특별히 요리를 포장해주지. 다음부턴 안 돼."

지니가 주방으로 들어서자 도노반이 물었습니다.

"어떤 요리를 해줄 건데?"

"실낱같은 희망조차 몽땅 사라지도록 환희의 수프를 만들 생각이야."

"과연 성공할까? 지금까지 한 번도 성공한 적이 없잖아."

"이번엔 달라. 어젯밤에 초강력 마법 양념을 만들었거든. 아주 듬뿍 뿌려줘야지. 아마 내일이면 저 꼬마 녀석은 슬픔과 절망으로 몸부림치게 될 거야."

지니는 빠른 손놀림으로 수프를 만든 다음 초강력 양념 가루를 마구 뿌려댔습니다.

"야아, 지금 보니까 너 정말 마녀 같다. 아주 사악한 마녀!"

옆에서 지켜보던 도노반이 박수를 치며 말합니다.

"고마워. 오랜만에 들어보는 칭찬인걸."

지니는 환희의 수프를 곱게 포장한 뒤 홀에서 기다리던 토토에게 건넸습니다.

"고맙습니다. 얼마죠?"

"돈은 필요 없으니 식기 전에 얼른 가서 할머니랑 같이 먹어."

토토의 표정이 환하게 밝아졌습니다.

"사람들이 그랬어요. 지니는 하늘이 내려준 셰프라고요. 하지만 저는 그렇게 생각하지 않아요. 당신은 하늘에서 내려온 천사가 분명해요."

토토의 모습이 언덕 아래로 사라지는 것을 바라보며 지니는 중얼거렸습니다.

'바보 같은 녀석. 내일 아침이면 알게 되겠지. 천사가 아니라 마녀라는 사실을.'

지니는 싸늘한 표정으로 씩 웃었습니다.

이튿날, 지니는 눈을 뜨자마자 토토의 소식이 궁금했습니다.

"도노반, 가서 어떻게 됐는지 알아봐 줘."

"에이, 정말 귀찮게 하네!"

도노반은 투덜투덜하더니 창밖으로 휙 날아갔습니다. 그리고 잠시 후 돌아와 지니를 향해 소리쳤습니다.

"지니! 성공이야, 성공!"

"뭐, 정말? 어떻게 됐는데?"

"그 꼬마 녀석, 하루 종일 울고 있더군. 세상에서 제일 슬픈 표정이었어."

지니는 주먹을 꽉 쥐고 "좋았어!"라고 소리쳤습니다. 드디어 마법의 양념 가루가 효력을 발휘하기 시작한 겁니다.

하지만 사흘 뒤 토토가 다시 레스토랑을 찾았을 때 지니는 뭔가 잘못됐다는 것을 알았습니다. 토토의 표정 어디에도 슬픔이나 절망은 느껴지지 않았습니다.

"어제 아침에 할머니가 하늘나라로 떠났어요. 지니에게 고맙다는 인사를 하려고 왔어요."

"고맙다고?"

"네, 할머니는 아주 행복하게 떠났거든요."

"해, 행복하게?"

토토는 목걸이를 매만지며 이야기를 계속했습니다. 목걸이에 달린 사진 속에는 토토의 할머니가 해맑게 웃고 있었습니다.

"그때 만들어주신 수프 있잖아요. 할머니는 한 방울도 남기지 않고 다 드셨어요. 평생 드신 음식 중에서 제일 맛있었대요."

토토의 할머니는 수프를 다 비운 다음부터 마음이 아주 평화롭고 행복해졌다

고 합니다. 그러고는 이제 떠나야 할 때가 되었다며 토토의 손을 꼭 쥔 채 편안하게 눈을 감았답니다.

"할머니랑 헤어지는 건 슬픈 일이지만 그래도 제 마음속엔 늘 할머니가 웃고 있어요. 그리고 할머니는 나한테도 앞으로 기쁘고 행복한 일만 생길 거라고 그랬어요. 나도 믿어요. 이 모든 게 수프 덕분이에요. 만약에 수프를 일 년 전에 먹었더라면 할머니의 병이 나았을지도 몰라요. 하지만 괜찮아요. 할머니는 정말 행복하게 떠났으니까요."

토토는 지니에게 공손히 인사하고 손을 흔들며 언덕을 내려갔습니다. 멀어져 가던 토토는 깜빡했다는 듯 고개를 돌리더니 이렇게 외쳤습니다.

"저요, 결심했어요! 지니처럼 위대한 요리사가 될 거예요!"

지니는 저도 모르게 토토를 향해 손을 흔들어 보였습니다. 그 모습을 쭉 지켜보던 도노반이 뒤에서 중얼거렸습니다.

"초강력 마법 양념이 맞긴 맞네. 세상에 혼자 남게 된 녀석이 저렇게 씩씩하게 웃고 있는 걸 보면."

지니는 마음이 아팠습니다. 토토 때문이 아니라 마법의 양념이 이번에도 실패했기 때문입니다.

그 뒤로도 지니의 레스토랑은 여전히 손님들로 붐볐고, 다들 한결같이 행복한 표정으로 요리를 즐겼습니다. 기분이 울적한 사람은 지니뿐이었습니다.

"왜 다들 저렇게 행복한지 모르겠어. 이러다간 영영 못 돌아가는 게 아닐까?"

주방은 지니의 한숨으로 가득 찼습니다. 도노반도 지니가 측은하게 느껴져 더이상 농담을 던지지 않았습니다.

"지니, 아무래도 너의 그 손맛이 문제인 것 같아. 어쩌면 넌 마녀가 아니라 타고난 요리사일지도 몰라. 이참에 잘 생각해봐. 레스토랑이 이렇게 잘되는데 굳이 마왕님 곁으로 돌아갈 필요는 없잖아."

"미쳤어? 여기서 저 사람들처럼 평범하게 살라고? 난 꼭 성공해서 마녀로 인정받을 거야. 반드시 아버지 곁으로 돌아갈 거야."

지니는 밤마다 불행과 절망의 양념 가루를 개발하느라 잠을 이루지 못했습니다. 그런데도 레스토랑의 인기는 날이 갈수록 높아만 갔습니다. 손님은 이른 아침부터 늦은 밤까지 끊이지 않았고, 심지어 새벽에도 영업해달라는 요청이 쇄도했습니다.

하지만 모두가 지니의 레스토랑을 좋아한 것은 아니었습니다. 마을 사람들 중에는 지니를 마녀 같은 존재로 여기는 이들도 있었습니다. 바로 식당 주인들입니다. 물론 그들은 지니가 진짜 마녀인 줄은 꿈에도 몰랐지만, 하루아침에 단골손님을 모두 빼앗아간 지니가 그 어떤 마녀보다 미웠던 겁니다.

"이대로 가다간 우리 모두 쫄딱 망하고 말 거예요. 더 늦기 전에 무슨 수를 써야합니다!"

마리오가 벌겋게 상기된 표정으로 말했습니다. 마리오는 지니의 레스토랑이 생기기 전까지만 해도 마을에서 제일 잘나가던 식당 주인이었습니다.

"하지만 방법이 없어요. 솔직히 지니의 요리보다 맛있게 만드는 건 불가능해요."

"맞아요. 누구도 흉내 낼 수 없는 맛이에요."

애당초 식당 주인들은 지니와의 경쟁을 포기했습니다. 하지만 마리오는 그리 호락호락한 인물이 아니었습니다. 어릴 때부터 수많은 경쟁자와 싸워가며 혼자 힘으로 성공한 사람답게 그는 지니의 레스토랑을 이기기 위해서라면 수단과 방법을 가리지 않을 각오였습니다.

'우선 지니가 어떻게 요리를 만드는지부터 알아내야겠다.'

그날 밤 마리오는 몰래 지니의 레스토랑으로 숨어들어 갔습니다. 그러고는 굴뚝으로 내려가 주방으로 통하는 환풍구에 몸을 숨긴 채 숨을 죽이고 지니를 지켜봤습니다.

지니는 숲에서 구해온 재료들을 곱게 간 다음 중얼중얼 주문을 외며 이리저리 섞었습니다.

'흠, 비결은 바로 저 양념에 있었군!'

마리오는 지니의 행동이 약간 괴기스럽다고 느낄 뿐 마법의 주문을 외고 있다고는 상상도 하지 못했습니다. 잠시 후 지니는 완성한 양념 가루를 파스타에 살살 뿌리더니 맛을 보았습니다.

"도노반, 어디 있어? 이거 한번 먹어봐!"

지니가 주방 밖으로 나가자마자 마리오는 "이때다" 하며 환풍구에서 살며시 빠져나와 찬장에 놓인 양념 통을 닥치는 대로 쓸어 담았습니다. 그러고는 마치 도둑

고양이처럼 빠른 몸놀림으로 굴뚝을 빠져나와 밤길을 내달렸습니다.

마리오가 양념 통을 훔쳐간 지 일주일쯤 지난 어느 날, 지니의 레스토랑 앞으로 수많은 사람들이 몰려왔습니다. 다들 몇 번씩 왔던 손님들이지만 오늘은 요리를 먹으러 온 게 아니었습니다. 그들은 한목소리로 이렇게 외쳤습니다.

"지니는 우리에게 그동안 무엇을 먹였는지 당장 밝혀라, 밝혀라!"

어떤 사람들은 '힐링 푸드 뒤에 숨겨진 끔찍한 진실!'이라고 적힌 커다란 플래카드까지 들고 있었습니다.

"어라, 이게 다 무슨 일이래?"

도노반이 중얼거리고 있을 때 형사와 기자들이 문을 벌컥 열고 레스토랑에 들이닥쳤습니다.

"도노반, 빨리 피해!"

지니의 말이 채 끝나기도 전에 도노반은 어느새 까마귀로 둔갑해 창밖으로 달아났습니다.

"지니 씨, 당신의 주방을 조사해봐야겠소!"

카메라를 든 기자와 형사, 정부에서 나온 연구원들이 주방으로 우르르 몰려들어 갔습니다. 그러고는 지니의 양념 통을 죄다 꺼내더니 하나하나 조사하기 시작했습니다. 현미경으로 조사를 하던 연구원 중 하나가 기자들을 향해 말했습니다.

"이 양념 가루에는 온갖 독성과 마약 성분이 다량 함유되어 있습니다."

연구원의 말이 끝나자마자 경찰이 지니에게 수갑을 채웠습니다. 지니는 마법 지팡이를 미처 챙기지도 못한 채 밖으로 끌려 나왔습니다. 레스토랑 밖에서는 사람들이 지니에게 주먹을 치켜들며 욕을 해댔습니다.

"요리사의 탈을 쓴 범죄자! 사악한 마녀!"

어제까지만 해도 지니의 요리를 숭배하고 찬양하던 사람들이 하루아침에 증오에 찬 군중으로 변해버린 것입니다.

'이제야 마법이 통하기 시작한 건가?'

지니는 경찰 호송차에 올라타면서도 웃어야 할지, 울어야 할지 통 알 수가 없었습니다.

많은 일들이 순식간에 지나갔습니다. 지니는 즉결 심판에 넘겨져 식품위생법 위반이니 뭐니 하는 소리를 귀가 따갑도록 들은 다음 한 달 동안 감옥에 갇히는 신세가 되었습니다.

낡고 딱딱한 침대 위에 벌렁 드러누운 뒤에야 지니는 긴 한숨을 내쉬며 중얼거렸습니다.

"마법이 참 이상한 방식으로 효력을 나타내는군."

그때 좁다란 창살 사이로 까마귀 도노반이 날아들었습니다.

"지니, 유감스럽지만 마법이 통한 게 아니야."

"그럼 뭔데? 사람들이 나한테 왜 이러는 건데?"

도노반은 하루 종일 마을 곳곳을 날아다니며 알아낸 사실들을 고스란히 들려주었습니다.

"마리오란 사람이 마법의 양념을 훔쳐갔었나 봐. 근데 넌 몰랐어? 그 많은 양념통이 없어졌는데도?"

"어차피 쓸모없는 양념인걸 뭐."

"그 마리오란 작자가 네 요리를 흉내 내려고 했던 모양이야. 그런데 참 이상하지? 요리가 아무리 형편없어도 네 양념만 뿌리면 맛이 확 살아나더래."

"뭐라고? 양념을 그냥 뿌렸다고? 주문도 안 외우고?"

지니의 눈이 동그래졌습니다.

"그 작자가 주문을 알기나 하겠어?"

마리오는 양념이 너무 신기하다 싶었는지 가루의 성분을 분석해보기로 했습니다. 그러다 양념 가루 안에 사람이 먹으면 안 되는 성분이 들어 있다는 사실을 알게 된 것입니다.

"당연하지! 주문을 걸지 않으면 그 가루는 성분이 안 변해!"

지니는 주먹을 부르르 떨며 소리쳤습니다.

"그런데 지니, 잘 들어봐. 마리오 그놈은 아무도 모르게 그 양념 가루를 계속 사용하고 있어. 내 생각엔 이 모든 게 마리오의 계획인 것 같아. 그 친구 참 기특하지 않아?"

"안 돼, 안 돼! 그 가루를 사람들한테 그냥 먹이면 큰일 난단 말이야!"

도노반은 지니의 얼굴을 빤히 쳐다보며 말했습니다.

"지니, 너 지금 사람들을 걱정하는 거니? 사람들이 마법의 양념 때문에 탈이라도 날까 봐 걱정하는 거야? 지금까지 그런 마음으로 마법의 양념을 만든 거야? 너는 마녀인데?"

지니는 고개를 창밖으로 돌리며 혼잣말하듯 말했습니다.

"토토가 먹을지도 모르잖아."

도노반은 지니를 말없이 쳐다보며 고개를 절레절레 흔들었습니다.

한 달 뒤 지니는 감옥에서 풀려났습니다. 그동안 언덕 위의 레스토랑은 마치 폐허처럼 변해 있었습니다. 사람들이 몰려와 마구 때려 부순 흔적도 군데군데 흉하게 남아 있었습니다. 변한 것은 레스토랑뿐만이 아니었습니다.

마을 하늘 위로는 하루 종일 어두운 먹구름이 드리워져 있었고, 사람들의 얼굴에도 짜증과 분노, 절망의 그림자가 짙게 깔려 있었습니다. 길거리에서는 늘 싸움이 벌어지는가 하면 사람들의 입에서는 깊은 한숨과 욕설이 쉴 새 없이 흘러나왔습니다.

이 모든 재앙이 마리오의 레스토랑에서 시작되었다는 사실을 지니는 잘 알고 있었습니다. 마리오는 마법의 양념으로 끝없이 요리를 만들어냈고, 사람들은 중독된 것처럼 그 요리를 먹고 또 먹었습니다. 지니의 걱정과 달리 마법의 양념은 사람의 몸에는 별 영향을 미치지 않았습니다. 양념의 저주는 몸이 아니라 마음을 공격했기 때문입니다.

"주문을 외지 않는 게 정답이었군. 아무튼 성공은 성공이네. 이런 식으로 마법이 통하게 되리라곤 상상도 못했는데, 정말 웃기지?"

도노반이 킥킥 웃으며 말했습니다. 하지만 지니는 웃지 않았습니다. 늘 푸른 파도가 넘실거리던 바다는 탁한 회색으로 변해버렸고, 레스토랑 주변에 활짝 피어 있던 꽃들도 모두 시들었습니다. 전에는 한 번도 눈여겨보지 않았던 것들이 이제야 눈에 들어오기 시작했습니다. 임무가 성공적으로 끝난 지금, 지니는 오히려 마법이 통하지 않을 때보다 훨씬 더 우울한 기분이 들었습니다.

"뭐해? 이제 슬슬 마왕님 곁으로 돌아가야지! 아마 굉장히 좋아하실 거야."

도노반은 벌써 떠날 준비를 하고 있었습니다. 그때 주방에서 덜그럭거리는 소리가 들려왔습니다.

"거기 누구세요?"

잠시 후 누군가 주방에서 걸어 나왔습니다.

"토토, 너 여기서 뭐 하는 거니?"

지니는 거지처럼 변해버린 토토의 몰골을 보고 깜짝 놀랐습니다. 커서 요리사가 될 거라며 활짝 웃던 씩씩한 소년의 모습은 온데간데없고, 얼굴은 온통 슬픔과 절망, 굶주림과 공포의 그림자만 짙게 드리워져 있었습니다.

"너 혹시 마리오의 요리를 먹었니?"

토토는 겁에 질린 표정으로 고개를 끄덕였습니다. 지니의 시선은 토토의 목걸이에 멈추었습니다. 사진 속의 할머니는 해맑은 눈으로 지니를 바라보고 있었습니다.

◆◆

지니는 굶주린 토토에게 요리를 만들어주었습니다. 토토가 음식을 허겁지겁 먹는 동안 지니는 맞은편에 앉아 토토의 표정을 살폈습니다.

"어때, 기분이 좀 나아지는 것 같니?"

하지만 토토의 얼굴은 하나도 변하지 않았습니다. 예전에는 한 스푼만 먹어도 기분이 금세 좋아지는 요리였지만 이제는 전혀 효력이 없었습니다.

"이미 저주에 걸렸기 때문에 소용이 없나 봐. 지니! 이제 그만 떠나자. 마왕님 곁으로 돌아가야지!"

도노반은 계속 지니를 졸라댔지만 지니는 고개를 저었습니다.

"아직은 떠날 수 없어."

그날 밤부터 지니는 혼자서 뭔가를 만들기 시작했습니다. 바로 마법의 가루였습니다. 하지만 이전에 만들던 양념 가루와는 전혀 다른 것이었습니다. 우선 재료부터 달랐습니다. 새싹에 맺혀 있는 새벽이슬 한 방울, 달빛을 받은 달맞이꽃 한 잎, 바람결에 실려 온 민들레 씨앗……. 이런 재료는 그 어떤 마법 책에도 없었습니다. 지니는 그저 마음이 끌리는 대로 재료를 구해 정성껏 끓이고 말리고, 또 곱게 빻았습니다.

며칠 뒤 마법의 가루가 완성되던 날, 지니는 도노반에게 수프 한 접시를 차려 주었습니다.

"또 시식이야? 이번엔 무슨 요리인데?"

"그냥 수프야, 먹어봐."

도노반은 퉁명스러운 표정으로 스푼을 들었습니다. 그리고 수프를 한 입 떠먹는 순간 이상한 일이 벌어졌습니다. 도노반의 입에서 검은 연기가 뿜어져 나오더니 허공 위에서 빙글빙글 회오리치는 것이었습니다.

"아아, 내 안에서 뭔가 자꾸 빠져나가고 있어! 지니, 너 나한테 무슨 짓을 한 거야! 도대체 이 수프의 정체가 뭐야?"

도노반은 한동안 비명을 지르며 이리저리 날뛰었습니다. 그리고 잠시 후 어린아이처럼 천진난만한 미소를 짓기 시작했습니다.

"지니, 기분이 왜 이렇게 좋은지 모르겠어."

"이 수프의 이름은 '토토의 희망'이야."

지니는 수프를 들고 토토에게 다가갔습니다. 토토는 무표정한 얼굴로 스푼을 들었습니다.

수프를 한 입 떠먹는 순간, 토토의 눈빛이 빛나기 시작했습니다. 한 입, 또 한 입

먹을 때마다 토토의 표정은 눈에 띄게 달라졌습니다. 마침내 수프 한 접시를 다 비웠을 때 지니의 눈앞에는 예전의 토토가 앉아 있었습니다.

"저한테 무슨 일이 있었죠? 아주 긴 잠을 잔 기분이에요!"

지니는 양념 통을 토토의 가슴에 안기면서 이렇게 말했습니다.

"토토, 요리사가 되고 싶다고 했지? 이제 이곳이 '토토의 행복한 레스토랑'으로 불리면 좋겠어. 자, 마지막 선물이야."

"이게 뭔데요?"

"마법의 양념이야. 마음의 상처를 낫게 하고, 본래의 심성으로 되돌려주는 힘을 갖고 있단다. 이제부터 너의 요리로 이 마을을 치유해주겠니?"

토토는 양념 통을 끌어안은 채 고개를 끄덕였습니다. 지니는 토토의 이마에 입을 맞추었습니다.

그날 밤 지니는 도노반과 함께 마을을 떠났습니다. 커다란 보름달 위로 지니와 도노반의 그림자가 지나가는 것을 본 사람은 아무도 없었습니다.

마왕은 지니를 보자마자 두 팔을 벌리며 달려왔습니다.

"오오, 지니! 사랑스러운 내 딸! 드디어 성공했구나. 마을 하나를 통째로 불행하게 만들다니, 정말 대단한 마법이야! 이제 넌 어엿한 마녀가 되었다."

지니와 도노반은 고개를 숙인 채 아무 말이 없었습니다. 그러자 마왕은 껄껄 웃으며 소리쳤습니다.

"내 딸이 드디어 정식으로 마녀가 되었으니 소원 한 가지를 들어주마. 지니야, 소원을 말해보렴. 그 어떤 소원이라도 다 들어줄 테니."

"정말이요?"

"물론이지. 마왕에겐 불가능이 없다. 자, 소원을 말해보아라."

"정말 꼭 들어주시는 거죠? 약속하시는 거죠?"

"그래, 약속한다."

그러자 지니는 환한 표정으로 말했습니다.

"아버지, 제가 맛있는 요리 하나 해드릴까요?"

마녀의 레시피

지니는 마왕의 열세 번째 딸이에요.

마왕의 딸들은 누구나 커서 마녀가 되는데,

지니는 아직 마법 실력이 형편없어서 마녀가 되지 못했어요.

어느 날 지니는 마법의 양념 가루를 만들었어요.

"지니야, 그 양념 가루로 도대체 뭘 하려는 게냐?"

마왕은 지니가 어설픈 마법으로 또 엉뚱한 일을 저지를까봐 걱정부터 했죠.

"아버지, 이건 사람들을 불행하게 만드는 신비로운 양념 가루예요.

이 양념 가루로 만든 요리를 먹으면 걱정이 점점 커지고,

서로 미워하고, 결국 모두 불행해져요."

마왕은 별로 기대하진 않았지만 그래도 지니를 한번 믿어보기로 했어요.

"그럼 당장 사람들을 불행하게 만들어보거라."

"네, 아버지! 이번엔 틀림없이 기뻐하실 거예요."

지니는 까마귀 도노반과 함께 곧장 마을로 날아갔어요.

지니는 바닷가 언덕 위에 예쁜 레스토랑을 차렸어요.

그리고 손님들에게 요리를 만들어주기 시작했어요.

물론 마법의 양념 가루도 절대 빠뜨리지 않았죠.

"자, 도노반! 이제 사람들이 어떻게 변하는지 잘 봐."

지니는 잔뜩 기대를 품고 도노반에게 소곤거렸어요.

아니 그런데 이게 어떻게 된 일이죠?

손님들이 불행해지기는커녕 너무너무 행복해하는 거예요.

"와, 진짜 맛있어! 기분도 점점 좋아지는걸?"

기분이 좋아진 손님들은 서로 얼싸안고 노래하며 춤을 추었어요.

"쯧쯧, 또 실패했네. 지니야, 넌 아무래도 마녀가 되긴 글렀나 봐."

까마귀 도노반은 지니의 옆에서 속을 북북 긁어댔죠.

그래도 지니는 포기하지 않고 마법의 양념 가루를 밤마다 새로 만들었어요.

하지만 결과는 늘 같았어요.

지니의 레스토랑은 행복해지는 요리를 맛보려는 손님들로 늘 북적거렸죠.

"아니야, 이게 아니야! 왜 다들 자꾸 행복해지는 거야!"

지니는 너무 속이 상했어요.

어느 늦은 밤, 토토라는 소년이 지니를 찾아왔어요.

아파서 누워 있는 할머니에게 지니의 수프를 갖다 드리고 싶다는 거예요.

지니는 속으로 잘됐다 싶었죠.

잘하면 토토와 할머니를 불행하게 만들 수 있을 것 같았거든요.

지니는 토토에게 수프를 만들어주었어요.

물론 마법의 양념 가루도 듬뿍 뿌려주었죠.

과연 토토는 어떻게 됐을까요? 불행해졌을까요? 아니에요.

다음날 토토가 아주 행복한 표정으로 지니를 찾아왔거든요.

"수프를 먹으니까 힘이 나요! 이제 뭐든지 해낼 수 있을 것 같아요!"

그러면서 글쎄 자기도 커서 지니처럼 훌륭한 요리사가 되겠다는 거예요.

"아, 또 실패했구나. 사람들을 불행하게 만들기가 이렇게 힘들 줄이야!"

지니는 풀이 팍 죽었어요.

그런데 언제부터인가 마을 하늘에 먹구름이 끼기 시작했어요.

웬일인지 사람들 표정도 어둡고 무척 우울해 보이는 거예요.

처음에 지니는 '드디어 마법이 통하는구나!' 하고 생각했죠.

하지만 그게 아니었어요.

마리오라는 욕심쟁이가 지니의 양념 가루를 훔쳐다가 요리를 만들어 팔았는데,

그 요리를 먹은 사람들이 점점 불행해지기 시작했죠.

주문을 걸지 않고 양념 가루를 뿌리니까 그제야 마법이 통하게 된 거예요.

"지니야, 아무튼 성공은 성공이잖아, 안 그래? 마왕님도 기뻐하실 거야!"

까마귀 도노반은 손뼉을 치며 좋아했어요.

하지만 지니는 웃지 않았어요. 늘 사람들이 불행해지기만 기다렸는데,

막상 그렇게 되고 나니까 기분이 안 좋아지는 거예요.

까마귀 도노반은 이제 마왕에게 돌아가자고 말했어요.

하지만 지니는 무슨 생각에서인지 양념 가루를 또 만들기 시작했죠.

"이미 성공했잖아? 그런데 왜 또 만드는 거야?"

도노반은 언제나처럼 투덜댔어요.

그러던 어느 날 지니는 새 양념 가루로 만든 수프를 도노반에게 먹였어요.

그러자 놀라운 일이 벌어졌어요.

도노반의 몸에서 나쁜 생각들이 쏙쏙 빠져나가더니

아주 천진난만하고 착한 까마귀로 변해버린 거예요.

지니는 새 양념 가루를 토토에게 주며 이렇게 말했어요.

"토토야, 요리사가 되고 싶다고 했지? 이 양념 가루를 뿌려보렴."

지니가 새로 만든 양념 가루에는 불행한 사람들을

다시 행복하게 만드는 마법의 힘이 있었던 거예요.

그날 밤 지니는 도노반과 함께 마왕에게 돌아갔어요.

마왕은 지니가 마을을 불행하게 만들었다며 아주 기뻐했죠.

그래서 뭐든지 들어주겠다며 소원을 말해보라고 했어요.

그러자 지니는 빙그레 웃으며 이렇게 말했어요.

"아버지, 제가 아주 맛있는 요리 하나 해드릴까요?"

아빠의 생각보따리
"마음에 귀 기울이는 아이로 자라렴."

지니는 훌륭한 마녀가 되는 게 소원이었어.

그런데 마녀는 불행을 몰고 오는 사람이잖아.

그래서 마법의 양념 가루로 온 마을 사람들을

불행하게 만들려고 했던 거야.

하지만 막상 그 소원이 이루어진 다음엔 어떻게 됐을까?

기쁘기는커녕 오히려 기분이 나빠지고 말았어.

겉으로는 사람들을 불행하게 만들겠다며 마녀 흉내를 냈지만,

사실 지니의 마음은 그렇지 않았던 거야.

모두가 행복해지기를 바라는 게 지니의 속마음이었거든.

사람들은 지니처럼 자기가 진짜로 원하는 게

뭔지 잘 모를 때가 있단다.

왜냐하면 머리로만 생각하는 버릇 때문에 그래.

"난 부자가 되고 싶어." "난 유명해지고 싶어."

이런 생각을 할 때마다 다들 마음에서 우러나온 거라 믿지만,

사실은 머리에서 만들어낸 속임수일 때가 많단다.

내가 진짜로 원하는 게 뭔지 알려면 마음에 귀를 기울여야 해.

그럼 나를 정말 행복하게 해주는 게 뭔지 알 수 있어.

아빠는 네가 늘 마음에 귀 기울이는 아이로 자라리라 믿어.

지금처럼 말이야.

도서관
할배
춘삼이

도서관할배춘삼이

내 친구 중에 춘삼이라고, 아주 꽉 막힌 친구가 하나 있어. 깡마른 체구에 검정 뿔테 안경을 썼지. 이젠 나이를 먹어서 머리가 하얘지긴 했지만 그래도 성질은 여전히 깐깐하단 말이야. 춘삼이 이 친구, 젊어서부터 도서관 사서로 일했으니까 한마디로 평생 책 더미 속에서만 살아온 셈이지.

춘삼이 하면 이쪽 세계에서는 전설로 통해. 좌우지간 이 친구가 일하는 동안만큼은 분실되거나 미반납으로 처리된 책이 단 한 권도 없었거든. 언젠가 한번은 누가 책을 대출했다가 반납하지 않은 적이 있었는데 글쎄 그걸 5년 넘게 추적해서 기어이 받아냈다더군.

주변에서는 너무 곧이곧대로 한다, 깐깐하다, 불친절하다 뭐 이런 불평도 많았지. 하지만 도서관에서는 춘삼이를 좋아할 수밖에 없잖아. 어쨌거나 원칙에 충실하고 성실한 직원이니까 말이야. 그러니까 환갑이 넘은 나이에도 여전히 도서관 사서로 일할 수 있는 거겠지.

가만, 내가 무슨 얘기를 하려고 했더라? 그렇지, 춘삼이가 숲 속 도서관에서 일할 때 얘기를 할 참이야. 숲 속 도서관은 말 그대로 숲 한가운데 지어진 아주 아름다운 도서관이었어. 마치 풍경화처럼 한적하고 평화로운 곳이었지. 그런데 하루는 곰 한 마리가 춘삼이를 찾아온 거야.

"할아버지, 책을 빌리고 싶은데요."

이 말을 듣자마자 춘삼이가 뭐라고 했게?

"도서대출카드가 있어야 된다."

"전 그런 거 없는데요."

"그럼 하나 만들어야지."

그러면서 곰한테 도서대출카드 신청서를 내민 거야. 성명, 주민등록번호, 주소, 연락처 같은 걸 적으라고 말이야. 곰은 적을 수 있는 게 하나도 없다면서 울상을 지었지. 당연하잖아.

"어떻게 좀 안 될까요? 곱게 보고 나서 꼭 반납할게요."

"도서대출카드가 없으면 책을 빌려줄 수가 없다."

곰이 얼마나 실망했을까? 그런데도 춘삼이 이 친구는 곰을 그냥 그대로 돌려보냈어. 규정대로 처리한 건 맞지만 그래도 좀 너무하지 않아?

그런데 문제는 이 일이 곰 녀석 하나로 끝나지 않았다는 거야. 다음 날 아침, 도서관 문을 열자마자 청설모 한 마리가 오도카니 서 있었거든.

"책을 빌리고 싶어요."

청설모가 말했어.

"도서대출카드가 있어야 된다."

"그냥 좀 빌려주면 안 돼요? 어차피 요즘은 책 읽는 사람도 없잖아요. 아무도 안 보는 책을 그냥 저렇게 꽂아두면 뭐해요?"

아따, 청설모 이 녀석은 곰보다는 좀 똘똘한 것 같구먼. 하지만 춘삼이한테는 역시 상대가 안 돼.

"책을 빌리고 싶으면 도서대출카드를 만들어야 한다. 그냥 빌려주는 건 규정에 어긋나는 일이야."

그렇게 옥신각신하다가 청설모도 결국은 포기하고 말았어. 녀석은 "고집불통 영감탱이!"라고 투덜대며 숲으로 돌아갔지.

그런데 다음 날 아침에 문을 열었더니 이번엔 고슴도치가 서 있지 않겠어? 그 다음 날엔 두더지, 또 그다음 날엔 너구리, 여우, 멧돼지, 산토끼…… 하여간 끝도 없이 찾아와 귀찮게 구는 거야. 천하의 춘삼이도 이제 슬슬 지치기 시작했어. 동물들 때문에 자꾸 스트레스를 받게 되면 업무에도 차질을 빚을지 모르잖아.

자, 이제 어떡한담? 춘삼이는 이 문제를 놓고 며칠을 고민했어. 그러던 어느 날 도서관장을 찾아가 이렇게 말했지.

"동물들을 위한 도서대출카드가 필요합니다."

도서관장은 눈을 동그랗게 뜬 채 할 말을 잃고 말았어. 이 영감이 대체 왜 이러나 하는 표정이었지.

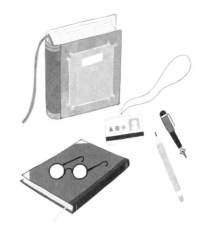

"아무튼 관계 기관장들과 만나서 토의해보겠소."

대충 이렇게 얼버무리긴 했지만 도서관장은 춘삼이의 정신 상태를 의심할 수밖에 없었지.

그런 와중에도 숲 속 동물들은 매일 아침마다 춘삼이를 찾아와 졸라댔더랬지. 처음엔 한 마리씩 오더니 나중엔 아예 떼를 지어 몰려왔어. 마치 시위라도 벌일 것처럼 말이야.

춘삼이는 정말 귀찮아 죽을 지경이었어. 동물들을 위한 도서대출 제도를 만드는 중이라고 설명하긴 했지만 그게 어디 통하겠어?

"그럼 그때까지 우린 책을 하나도 못 읽잖아요. 우린 지금 당장 책을 읽고 싶단 말이에요!"

춘삼이는 정말 울고 싶은 심정이었지. 동물들이 자꾸 이렇게 몰려들면 도서관장한테 한 소릴 듣게 될지도 모르잖아. 그런데 그때 아주 기발한 생각이 떠올랐어.

"얘들아, 이렇게 하면 어떨까? 내가 너희들한테 책을 읽어주는 거야, 어때?"

자, 얘기가 어떻게 결론이 났는가 하면 일주일에 월, 수, 금 이렇게 세 번씩 춘삼이가 숲으로 가서 동물들에게 책을 읽어주기로 한 거야.

동물들이 빌리고 싶었던 책을 춘삼이가 차례차례 한 권씩 읽어주는 식이었지. 그 대신 동물들은 앞으로 도서관에 찾아오거나 책을 빌려달라고 떼쓰지 않기로 약속한 거야.

첫날 춘삼이는 퇴근하자마자 한 손에는 『피노키오』, 또 한 손에는 등불을 들고 숲으로 갔지. 해가 지면 어두워질 테니 등불이 필요하잖아.

산 중턱 어느 숲 속에 꽤 널따란 풀밭이 펼쳐져 있고, 한가운데에는 춘삼이를 위한 그루터기도 마련되어 있었어. 그리고 그루터기를 중심으로 청설모, 고슴도치, 두더지, 곰, 너구리, 여우, 멧돼지, 토끼, 노루가 옹기종기 모여 있었지. 춘삼이는 그루터기에 자리 잡고 앉아 책을 펼치고는 사뭇 공손한 목소리로 말했어.

"에헴, 에헴! 지금부터 『피노키오』를 읽어줄 테니 잘 들으셔요."

갑자기 저 뒤에서 여우가 손을 번쩍 들며 소리쳤지.

"잘 안 들려요, 좀 크게 읽어주세요!"

"아직 시작도 안 했다, 이 녀석아!"

춘삼이가 역정을 내자 동물들은 쥐 죽은 듯이 조용해졌어. 춘삼이는 다시 자세를 잡고 천천히 책을 읽기 시작했지. 동물들은 금세 이야기 속으로 빠져들었어. 춘삼이가 성질도 고약하고 아주 꽉 막힌 친구지만 그래도 책은 꽤 잘 읽는 편이거든.

목소리도 제법 구성지고 말이야.

해가 지고 사방이 어둑어둑해지자 춘삼이는 등불을 켰어. 동물들도 제각기 편하게 엎드리거나 비스듬히 눕기 시작했지. 딱 한 마리, 곰만 빼고 말이야. 곰은 처음부터 맨 앞자리에 딱 버티고 앉아 있었는데 자세가 한 번도 흐트러지지 않았어. 어찌나 열심히 귀를 기울이고 있는지 몰라. 아무튼 춘삼이는 밤하늘에 별이 빛날 때까지 쉬지 않고 책을 읽어줬어.

"자, 오늘은 여기까지다. 모레 수요일엔 어디 보자…… 그래, 『보물섬』을 읽어줄 차례로군."

춘삼이가 책을 탁 덮고 일어서자 동물들은 박수를 쳤어. 그런데 그때 곰이 손을 번쩍 들더니 이러는 거야.

"저기요, 피노키오가 고래 배 속에서 할아버지 만나는 장면 있잖아요. 한 번만 더 읽어주시면 안 돼요?"

춘삼이는 약간 짜증이 났어. 얼른 집에 가서 씻고 술 한 잔 따뜻하게 데워 마신 다음 푹신한 침대에 드러눕고 싶었거든.

"오늘은 첫날이니까 봐준다. 하지만 다음부턴 안 돼!"

춘삼이는 다시 책을 펼쳐 들고 아까 읽었던 부분을 천천히 읽어줬지. 그러고는 서둘러 책을 덮고 벌떡 일어나 숲을 떠났어. 머뭇머뭇하다간 곰 녀석이 또 읽어달라고 조를 수도 있잖아. 동물들도 춘삼이에게 손을 흔들어주고는 제각기 자기 집으로 어슬렁어슬렁 흩어졌지.

다음다음 날, 춘삼이는 한 손에 『보물섬』, 다른 한 손엔 등불을 들고 숲으로 들어갔어. 약간 찌푸린 표정으로 말이야. 솔직히 좀 귀찮기도 했지. 퇴근하고 푹 쉴 수 있는 시간에 이게 도대체 뭐하는 짓인가 싶기도 하고 말이야. 하지만 동물들하고 약속을 했으니 뭐 어쩌겠어. 알다시피 춘삼이는 약속이며 원칙 따위를 꼭 지키는 사람이잖아.

그루터기 주변엔 벌써 동물들이 옹기종기 모여 있었지. 그런데 첫날하곤 다르게 작은 탁자가 놓여 있지 뭐야. 주전자엔 시원한 물이 가득 담겨 있고, 접시엔 산딸기도 소복이 담겨 있었지. 또 그루터기 위에는 푹신푹신한 방석까지 마련해놨어.

"이게 다 뭐냐?"

춘삼이는 기분이 살짝 좋아졌어.

"곰 아저씨가 갖다 놨어요."

동물들이 한목소리로 대답했지. 맨 앞자리에 앉아 있던 곰은 쑥스러운 듯 머리를 긁적긁적했어.

"녀석, 곰도 구르는 재주가 있다더니."

춘삼이는 곰을 한 번 쓱 쓰다듬고는 푹신한 방석 위에 앉아 책을 읽기 시작했어. 동물들은 어느새 보물섬 이야기에 푹 빠져들었지.

다음다음 날에도 춘삼이는 숲으로 향했어. 그리고 주말엔 집에서 푹 쉬고, 또 월요일부터 금요일까지 이틀 간격으로 숲을 찾았지. 그런데 하루는 퇴근하고 도서관을 나서려는데 비가 오는 거야. 처음엔 한두 방울씩 떨어지더니 나중엔 주룩주룩 내리잖아.

"오늘은 아무래도 건너뛰어야겠군."

춘삼이는 들고 있던 『정글북』을 다시 가방에 집어넣었어. 그런데 그때 곰이 커다란 우산을 들고 찾아왔지 뭐야.

"할아버지, 숲에 천막을 쳐놨어요."

춘삼이는 "졌다, 졌어" 하며 고개를 절레절레 흔들었지. 동물들은 아무리 궂은 날에도 어김없이 모였어. 태풍이 몰아치는 날에는 장소를 풀밭에서 작은 동굴로 옮기기도 했지. 여름이 지나고 가을 찬바람이 불어오자 동물들은 그루터기 옆에 모닥불까지 피워놓았어. 춘삼이가 덜덜 떨면서 책을 읽게 할 순 없잖아. 아무튼 그렇게 쉬지 않고 책을 읽어주다 보니 어느새 세계명작동화 전집을 뚝딱 끝냈지 뭐야.

"가만 보자, 오늘은 뭘 읽어줄까?"

춘삼이는 서가를 천천히 걸으며 책을 하나하나 훑어봤어. 그때 책꽂이 맨 밑에 꽂혀 있던 『아르고 호의 대모험』이란 책이 눈에 띄었지. 춘삼이는 그 책을 뽑아 들고 먼지를 툭툭 털어냈어. 아주 낡고 오래된 책이지만 춘삼이 이 친구한테는 굉장히 특별한 책이야. 왜냐하면 춘삼이가 젊었을 때 직접 쓴 책이거든.

아르고 호는 그리스 신화에서 온갖 영웅들이 타고 떠났던 배잖아. 춘삼이는 이 배를 자기 이야기 속에 끌어와 새로운 모험 이야기를 지어냈어. 하지만 책은 별로 인기를 얻지 못했지. 동화 작가가 되고 싶었던 춘삼이는 이 책이 실패하는 바람에 몹시 실망했었어. 그 뒤로 다시는 글을 쓰지 못할 정도로 말이야.

'이 책을 읽어줘 볼까?'

춘삼이는 한참 고민하다가 마침내『아르고 호의 대모험』을 가방에 집어넣었어. 약간 떨리긴 했지만 동물들의 반응이 궁금하기도 했거든.

하늘은 구름 한 점 없이 푸르렀고, 바람도 잔잔했어. 책 읽어주기에 딱 좋은 날씨였지. 춘삼이는 설레는 가슴을 안고 숲으로 향했어.

"자, 오늘 읽어줄 책은『아르고 호의 대모험』이란 이야기란다."

춘삼이는 자리에 앉자마자 책을 펼쳐 들었어. 동물들은 늘 그렇듯이 옹기종기 모여 앉아 귀를 기울였지.

춘삼이는 떨리는 목소리로 첫 문장을 읽어 내려가기 시작했어. 그러니까 자기가 쓴 책을 자기 목소리로 읽는 셈이었지. 그래서인지 동물들의 표정도 다른 날보다 훨씬 신경이 쓰였어. 책을 읽으면서도 '재미있게 듣고 있을까? 지루하게 느끼진 않을까?' 하는 생각이 자꾸 드는 거야.

어느새 보름달이 둥실 떠올라 숲 속 풀밭을 훤히 비추고 있었어. 구태여 등불을 켜지 않아도 책을 읽을 수 있을 만큼 밝았지.

"…… 아르고 호는 다시 돛을 올리고 수평선을 향해 힘차게 나아가기 시작했습니다."

드디어 책을 다 읽었어. 춘삼이는 천천히 책을 덮고 동물들의 표정을 하나하나 살펴봤지. 그런데 왠지 표정들이 무덤덤한 거야. 맨 앞에 앉아 있는 곰 녀석도 눈만 끔뻑끔뻑하고 있거든.

'재미가 없는 모양이구나. 역시 실패작이었어.'

춘삼이는 책을 탁자 위에 올려놓고 물을 한 잔 들이켰어. 기운이 쏙 빠져나가는 기분이었지. 그런데 바로 그때 곰이 벌떡 일어나더니 춘삼이 발을 꽉 붙들지 않겠어?

"할아버지, 이 책 좀 빌려주세요. 딱 하루만 빌려주세요, 네?"

그와 동시에 동물들이 우르르 자리에서 일어나더니 박수를 치기 시작한 거야. 마구 환호성을 지르면서 말이야.

"와아! 진짜 재미있어요! 최고예요!"

어떤 녀석은 풀밭을 폴짝폴짝 뛰어다니고 또 어떤 녀석은 괴성을 지르며 팔을 빙빙 돌리기도 했지. 반응이 어찌나 뜨거웠는지 몰라. 춘삼이는 어안이 벙벙해졌어.

"할아버지, 제발 부탁이에요. 이 책 하루만 빌려주세요, 네? 딱 하루만요!"

곰은 아까부터 계속 졸라댔어. 춘삼이는 정말 난처했지. 비록 자기가 쓴 책이긴 하지만 그래도 엄연히 도서관 소유였거든. 게다가 지금은 세상 딱 한 권밖에 없는 책이기도 했어.

"다음번에 또 한 번 읽어줄 테니 이해해주렴."

하여튼 춘삼이 이 친구, 참 고지식하단 말이야. 아무리 그래도 그렇지 자기 책을 이렇게 좋아해주는 녀석한테 하루쯤 빌려줄 수도 있잖아. 곰은 적잖이 실망한 표정으로 고개를 푹 숙였어.

그 와중에도 동물 녀석들은 "누가 쓴 책이에요? 다음 이야기는 없어요?" 하며 계속 환호를 보내고 있었어. 춘삼이는 마치 인기 스타인 양 일일이 손을 잡고 인사를 했어. 분위기는 좀처럼 가라앉을 줄 몰랐지. 춘삼이 인생에서 이토록 짜릿하고 행복한 순간은 아마 처음일걸? 그때 곰 녀석이 또 팔을 잡고 애원했어.

"할아버지, 제발 딱 하루만 책을 빌려주세요, 내일 꼭 돌려드릴게요, 네?"

춘삼이는 곰의 눈동자에서 눈을 뗄 수가 없었어. 정말이지 이토록 절실한 표정은 처음 봤거든. 천하의 고집쟁이 춘삼이도 마음이 흔들릴 지경이었지.

"정말 내일 꼭 돌려줘야 한다. 맹세할 수 있지?"

"예, 맹세할 수 있어요!"

곰은 숲이 쩌렁쩌렁 울리도록 큰소리로 대답했어.

춘삼이는 탁자 위에 있던 책을 집어 곰에게 내밀었어. 춘삼이로서는 태어나서 처음으로 원칙을 어긴 셈이었지. 그러면서 곰에게 또 한 번 다짐하는 거야.

"내일 꼭 돌려줘야 한다!"

다음 날 곰이 책을 돌려줬을까? 안타깝게도 곰은 나타나지 않았어. 춘삼이는 하루 종일 곰을 기다리느라 눈이 빠질 지경이었지. 하지만 밤이 깊어도 곰은 찾아오지 않았어. 다음 날, 그 다음 날도 곰은 보이지 않았지.

"못된 녀석! 책을 들고 도망쳤구나!"

춘삼이는 동물들과 함께 일주일 내내 곰을 찾아다녔어. 하지만 숲을 아무리 샅샅이 뒤져도 곰은 보이지 않았지. 동물들도 애가 타긴 마찬가지였어. 곰을 못 찾으면 다시는 그 재미있는 이야기를 들을 수가 없잖아. 게다가 춘삼이는 이제 동물들에게 책을 읽어줄 생각이 하나도 없단 말이야.

"고얀 녀석! 도둑질을 하다니!"

춘삼이는 화가 단단히 났어. 하긴 도서관 책을, 그것도 단 한 권밖에 없는 자기 책을 훔쳐 갔으니 그럴 만도 하지.

춘삼이는 이제 더 이상 동물들에게 책을 읽어주지 않겠다고 선언했어. 그러고는 도서관으로 돌아가 문을 쾅 닫아버렸지. 동물들은 매일매일 도서관으로 찾아와 싹싹 빌었어. 하지만 춘삼이 고집을 꺾을 수야 있나.

"앞으로 이 근처엔 얼씬도 하지 마라!"

춘삼이는 도서관장에게 건의해서 주변에 철조망까지 둘러쳤어. 동물들이 접근하지 못하게 말이야. 동물들은 철조망에 매달려 춘삼이를 외쳐 부르다가 하나둘씩 숲으로 돌아갔어. 청설모만 끝까지 남아 춘삼이를 애타게 찾았지.

"할아버지, 저희가 잘못했어요. 제발 책을 읽어주세요, 네?"

하루는 춘삼이가 청설모에게 말했어.

"곰이 어디 살고 있는지 알아 오면 책을 다시 읽어주마."

"정말이죠? 꼭이에요, 꼭!"

청설모는 약속의 의미로 새끼손가락을 까딱까딱하더니 냉큼 숲으로 달려갔지. 춘삼이는 청설모 녀석이 곰을 찾을 거라곤 크게 기대하지 않았어. 그렇게 찾아 다녀도 발견하지 못한 걸 보면 아마 다른 숲으로 도망친 게 분명하거든.

그러면서도 춘삼이는 속으로 청설모가 성공하기를 은근히 바랐단 말이야. 다른 책은 몰라도 그 책은 자기가 쓴 거잖아. 게다가 다시 읽어보니까 정말 잘 쓴 것 같았거든. 춘삼이는 어떡하든 그 책을 다시 찾고 싶었어. 하지만 일주일, 또 일주일이 흘러도 청설모는 다시 나타나지 않았지.

"할아버지, 할아버지! 곰 아저씨가 사는 곳을 찾았어요!"

첫눈이 내리던 어느 날 청설모가 찾아와 다급하게 소리쳤어.

처음에 춘삼이는 청설모가 거짓말을 하는 줄만 알았어. 하지만 거짓말이 아니었지. 녀석은 곰이 사는 곳을 정말로 찾아낸 거야.

"어디냐, 앞장서거라!"

춘삼이는 곧장 청설모를 따라 숲 속으로 달려갔지. 갈대 언덕을 넘고 눈 덮인 자갈 비탈을 지나 한참 동안 산을 올랐어. 청설모는 두 개의 커다란 바위 앞에 도착해서야 걸음을 멈추었지.

"여기예요."

"여긴 전에도 왔었잖아?"

"저기 저 수풀을 뒤져보세요."

춘삼이는 청설모가 시키는 대로 바위 아래 무성한 수풀을 헤쳐봤어. 그랬더니 웬걸, 바위틈으로 길이 나 있네?

"음, 이런 곳에 길이 있을 줄이야."

춘삼이는 청설모와 함께 바위틈으로 난 길을 더듬더듬 걸어가기 시작했지. 그렇게 한참 걷고 있는데 갑자기 눈앞이 활짝 열리더니 또 다른 숲이 나타나지 않겠어? 바로 그 숲 한가운데에 작은 움막이 하나 보이는 거야.

"저기가 바로 곰 아저씨네 집이에요."

춘삼이는 움막을 향해 살금살금 다가갔지. 그리고 살며시 문을 열고는 고개를 쏙 들이밀었어. 어둑어둑한 방 안에는 곰 두 마리가 세상모르게 겨울잠을 자고 있었지. 하나는 책을 훔쳐 간 바로 그 녀석이고, 또 하나는 녀석의 아내였던 거야. 책은 아내의 배 위에 곱게 놓여 있었지. 가만 보니 곰 녀석이 아내에게 책을 읽어주다가 스르르 잠이 들었던 모양이야. 춘삼이는 조심스럽게 다가가 책을 살짝 집어 들었어. 그러고는 자기 품에 쏙 감추고 다시 뒷걸음질로 방을 빠져나왔지. 그때 청설모 녀석이 속삭였어.

"아기한테 책을 읽어주었던 모양이에요."

춘삼이는 그 소리에 뒤를 한번 쓱 돌아봤어. 아닌 게 아니라 곰 녀석의 아내를 보니 배가 살짝 불러 있는 거야.

'아기를 가진 모양이군.'

춘삼이는 곰 아내의 배를 물끄러미 바라보다가 살며시 문을 닫았어.

"할아버지, 그럼 이제 약속대로 다시 책을 읽어주시는 거죠?"

밖에 나오자마자 청설모가 눈을 깜빡이며 말했어. 춘삼이는 들은 척도 하지 않고 길을 걷기 시작했지. 바위틈으로 난 길을 벗어나 눈 덮인 자갈 비탈을 내려오는 동안에도 청설모는 옆에서 계속 쫑알거렸지. 그래도 춘삼이는 무슨 생각을 그리도 골똘히 하고 있는지 통 대꾸가 없어. 그러다가 도서관에 도착해서야 이렇게 말했지.

"날이 춥다! 눈이 더 쌓이기 전에 어서 돌아가."

"할아버지, 할아버지!"

청설모가 철조망에 매달려 소리쳤지만 춘삼이는 냉정하게 문을 걸어 잠그고는 도서관으로 쏙 들어가버렸어.

"할아버지, 약속은 어떻게 되는 거예요? 책은 언제 다시 읽어주실 거예요?"

청설모는 눈을 하얗게 뒤집어쓴 채 한참 동안 소리치다가 밤이 되어서야 울면서 숲으로 돌아갔어.

그날 밤, 춘삼이는 책상 위에 책을 올려둔 채 깊은 생각에 빠져 있었지. 머릿속이 아주 복잡했어. 엄마 곰의 불룩한 배가 자꾸 떠올랐거든. 어쩌면 곰 녀석은 책을 읽어주다가 자기도 모르게 겨울잠에 빠져든 건지도 몰라. 그래서 책을 돌려주지 못한 게 아닐까? 춘삼이는 그제야 곰의 행동이 이해되기 시작했어. 책을 읽어줄 때도 곰은 걸핏하면 손을 들고는 다시 읽어달라고 졸라대곤 했잖아. 아마 이야기를 잘 외워서 배 속의 아기한테 들려주려고 했던 건지도 모르지. 그래서 늘 맨 앞자리에 앉아 누구보다 열심히 귀 기울였던 걸 거야.

춘삼이는 이 생각, 저 생각에 뒤척이다가 『아르고 호의 대모험』을 펼쳐 들었어.

그러곤 처음부터 끝까지 다시 읽어봤지.

"뭐가 재미있다는 건지 원."

솔직히 말해서 그 책은 정말 유치하고 뻔한 이야기투성이였단 말이야. 그런데도 동물들은 열광의 도가니였잖아. 왜 그랬을까? 혹시 춘삼이가 쓴 책이란 걸 알고 그랬을까? 아니, 그건 아닐 거야. 동물들은 그저 춘삼이가 읽어주는 책이라면 무엇이든 재미있게 들어준 건지도 몰라.

춘삼이는 밤늦도록 동물들 생각에 잠 못 이루었어. 창밖으로는 하얀 눈이 펑펑 내리고 있었지.

눈보라가 무섭게 몰아치던 어느 날, 춘삼이는 외투를 단단히 껴입고 숲으로 향했어. 그러고는 갈대 언덕을 넘고 눈 덮인 자갈 비탈을 지나 두 개의 바위틈으로 들어섰지. 하얗게 변해버린 숲 한가운데에 곰 녀석의 움막이 보였어. 춘삼이는 눈밭을 헤치고 한 걸음, 한 걸음 움막으로 향했지. 방 안에는 곰 두 마리가 여전히 겨울잠을 자고 있었어.

춘삼이는 외투를 벽에 걸고 의자에 툭 걸터앉았어. 그런 다음 엄마 곰의 불룩한 배를 바라보며 책을 펼쳐 들었지.

"에헴! 지금부터 『잠자는 숲 속의 미녀』를 읽어줄 테니 아기 곰은 잘 들으렴."

그때부터 춘삼이는 배 속의 아기 곰을 위해 책을 읽기 시작했어. 약간 추워지는가 싶어 난로에 불을 피우기도 하면서 말이야. 창밖으로는 쉴 새 없이 눈이 내렸지만 방 안은 그저 포근하기만 했어.

다음 날, 또 그다음 날도 춘삼이는 어김없이 움막을 찾았어. 그리고 『오즈의 마법사』, 『파랑새』, 『행복한 왕자』를 읽고, 또 읽고, 또 읽고……

그런 어느 날 숲 속의 동물들이 하나둘씩 움막으로 모여들기 시작했어. 물론 청설모가 제일 먼저 달려왔겠지? 다음엔 고슴도치, 두더지, 너구리, 여우, 멧돼지, 토끼가 차례차례 움막 안으로 들어왔어. 곰 두 마리가 잠자던 움막 안은 어느새 동물들이 가득 차게 됐지.

"할아버지 『아르고 호의 대모험』 읽어주세요! 부탁이에요!"

동물들이 한목소리로 말했어.

춘삼이는 그해 겨울이 끝날 때까지 하루도 쉬지 않고 책을 읽어줬어. 물론 가끔은 『아르고 호의 대모험』도 읽었지. 창피하지만 동물들이 좋아하는데 뭐 어쩌겠어.

자, 이제 슬슬 이야기를 끝낼 시간이로군. 겨울이 끝나고 봄이 되자 곰 두 마리는 긴긴 겨울잠에서 깨어났더랬지. 그리고 얼마 후 엄마 곰은 귀여운 아기 곰을 낳았어. 동물들이 빙 둘러서서 아기 곰의 탄생을 축하했지. 춘삼이는 아기 곰을 위해 특별한 선물까지 준비했어. 그게 뭐냐고? 바로 아기 곰을 위한 작은 책방이야. 곰 가족이 사는 움막 한쪽에 아담한 창고를 지은 다음 자기 집에 있던 책들을 죄다 갖다 놨지. 물론 다른 동물들도 얼마든지 자유롭게 읽을 수 있었어.

세월이 흘러 은퇴할 나이가 되자 춘삼이는 도서관 사서 일을 그만두게 됐지. 도서관장은 춘삼이가 혼자 외롭게 늙어갈까 봐 걱정했어. 하지만 다 쓸데없는 걱정이야. 왜냐하면 숲 속 동물들이 있으니까 말이야.

춘삼이는 곰 가족의 움막 옆에 똑같은 움막을 하나 더 지었어. 그리고 거기서 하루 종일 글을 썼지. 『아르고 호의 대모험』을 다시 써보기로 한 거야. 그런데 이번엔 꽤긴 이야기가 될 것 같아. 왜냐하면 날마다 동물들이 찾아와 "나도 나와요? 내 얘기도 넣어주세요, 네네?" 하고 졸라댔거든. 그러다 보니 아기 곰부터 청설모, 고슴도치, 두더지, 너구리, 여우, 멧돼지, 산토끼까지 아르고 호의 대원들이 점점 늘어날 수밖에.

지금도 춘삼이는 숲 속에서 동물들에게 둘러싸인 채 열심히 동화를 쓰고 있어. 책을 다 쓰려면 아직 한참 멀었다며 투덜거릴 때도 있지만, 내 보기엔 마냥 행복한 표정이야.

도서관 할배 춘삼이

어느 조용한 숲 속에 예쁜 도서관이 하나 있었어요.

숲 속 도서관에는 춘삼 할배가 일하고 있었어요.

춘삼 할배는 젊을 때부터 책 속에만 푹 파묻혀 살아왔어요.

일은 참 잘하지만 성격이 좀 깐깐한 게 흠이라면 흠이죠.

어느 날 웬 젊은 곰이 도서관으로 책을 빌리러 왔어요.

춘삼 할배는 안경 너머로 곰을 슬쩍 보고는 이렇게 말했어요.

"책을 빌리려면 도서대출카드가 있어야 한다."

물론 곰이 그런 카드를 갖고 있을 턱이 없죠.

하지만 춘삼 할배는 카드가 꼭 있어야 한다며 곰을 그냥 돌려보냈어요.

그런데 다음 날 아침, 이번엔 청설모가 책을 빌리러 온 거예요.

춘삼 할배는 이번에도 도서대출카드가 있어야 한다며 청설모를 돌려보냈죠.

청설모는 순 고집불통 영감탱이라고 투덜거리며 돌아갔어요.

다음 날엔 고슴도치가 찾아왔어요.

또 그다음 날엔 두더지, 너구리, 여우, 산토끼…….

숲 속 동물들이 자꾸자꾸 찾아오는 거예요.

춘삼 할배는 아주 귀찮아 죽을 지경이었죠.

'가만있자, 무슨 뾰족한 수가 없을까…….'

춘삼 할배는 이 궁리, 저 궁리 끝에 꽤 기발한 생각을 했어요.

일주일에 세 번씩 동물들에게 책을 읽어주기로 한 거예요.

책을 읽어주기로 한 첫날,

춘삼 할배는 『피노키오』라는 그림책을 들고 숲으로 갔어요.

풀밭에는 벌써 숲 속 친구들이 옹기종기 모여 있었죠.

곰은 맨 앞자리에 떡 버티고 앉아 귀를 잔뜩 기울였어요.

춘삼 할배는 구수한 목소리로

피노키오, 보물섬, 피터팬 같은 이야기들을 차례차례 읽어줬어요.

하루하루 지날수록 이야기를 들으려는 숲 속 친구들이 점점 늘어났어요.

곰은 책 읽기가 다 끝난 뒤에도 한 번만 더 읽어달라며 조르곤 했어요.

또 춘삼 할배가 불편해할까 봐 푹신푹신한 방석도 준비하고,

맛있는 산딸기며 시원한 물까지 갖다놓았죠.

비가 오면 할아버지를 위해 우산을 받쳐주기도 했어요.

어느 날 춘삼 할배는 친구들에게 『아르고 호의 대모험』이라는 책을

읽어주었어요. 온갖 영웅들이 배를 타고 신 나게 모험하는 이야기였죠..

사실 이 이야기는 춘삼 할배가 젊을 때 쓴 동화였어요.

숲 속 친구들은 박수를 치며 좋아했죠.

곰은 춘삼 할배 다리를 붙잡고 딱 하루만 책을 빌려달라며 졸라댔어요.

춘삼 할배는 처음엔 안 된다고 하다가

곰이 하도 애타게 부탁하는 바람에 마지못해 책을 빌려주었죠.

대신 내일 꼭 돌려주어야 한다는 말도 잊지 않았어요.

그런데 이를 어쩌죠? 다음 날 책을 꼭 돌려준다던 녀석이

글쎄 며칠이 지나도록 감감무소식이에요.

춘삼 할배가 숲을 샅샅이 뒤졌지만, 그 어디에도 곰은 없었어요.

"고얀 녀석, 책을 갖고 도망쳤구나!" 춘삼 할배는 화가 단단히 나서

이제 다시는 숲 속 친구들에게 책을 읽어주지 않겠다고 소리쳤어요.

숲 속 친구들이 울며불며 빌어도 소용없었죠.

첫눈이 내리던 날, 청설모가 춘삼 할배를 찾아왔어요.

드디어 곰이 사는 곳을 알아냈다는 거예요.

그동안 청설모 혼자서 숲을 온통 뒤지고 다닌 모양이에요.

춘삼 할배는 당장 청설모를 앞세워 숲으로 들어갔죠.

곰이 사는 곳은 숲 속 바위틈에 있는 작은 움막이었어요.

춘삼 할배는 움막으로 살며시 들어갔어요.

어둑어둑한 방 안에는 곰 부부가 겨울잠을 자고 있었죠.

그때 청설모가 곰 아내의 배를 가리키며 말했어요.

"아기한테 책을 읽어주다가 잠든 모양이에요."

가만 보니 곰 아내의 불룩한 배 위에 책이 놓여 있지 뭐예요.

춘삼 할배는 살금살금 다가가 책을 집어 들고 나왔어요.

그날 춘삼 할배는 밤늦도록 잠을 이루지 못했어요.

책을 읽어주다 잠든 곰의 얼굴이 자꾸 생각났거든요.

엄마 곰, 아빠 곰이 겨울잠을 자면

아기 곰에게 누가 이야기를 들려주나 하는 생각도 들었죠.

다음 날 아침, 춘삼 할배는 다시 곰 부부의 움막집을 찾았어요.

그러고는 침대 옆에 앉아 천천히 책을 읽어주기 시작했어요.

엄마 곰 배 속에 있는 아기 곰에게 말이에요.

긴긴 겨울이 끝날 때까지 춘삼 할배는 매일 밤마다

아기 곰을 위해 책을 읽어주었어요.

숲 속 친구들도 난롯가에 빙 둘러앉아

춘삼 할배의 구수한 목소리에 흠뻑 빠져들었죠.

창밖에는 눈보라가 몰아쳤지만, 숲 속 동물들은 하나도 춥지 않았어요.

아빠의 생각보따리
"설렘을 사랑하는 아이로 자라렴."

춘삼 할배가 책을 읽어줄 때 숲 속 친구들 표정은 어땠을까?

아기 곰에게 책을 읽어주던 아빠 곰의 목소리는 또 어땠을까?

아가야, 그 가슴 설레는 표정들을 상상하고 느껴봐.

어때? 느껴지니?

아빠 느낄 수 있을 것 같아.

지금 널 기다리는 엄마 아빠의 표정과 똑같을 테니까 말이야.

살다 보면 가슴 설레도록 간절한 것들이 생긴단다.

그리고 그런 설렘이 많으면 많을수록 살아 있는 기쁨을

더 많이 누릴 수 있어.

설렘이 없다는 건 그만큼 간절히 원하는 것이 없다는 뜻이야.

그래서 아빠는 네가 설렘을 사랑하는 아이로 자라길 바란단다.

아침에 눈 뜰 때마다 어제보다 더 멋진 오늘을 기대하고,

새로운 친구, 새로운 꿈, 새로운 도전을 만날 때마다

늘 설레는 그런 아이 말이야.

그래, 엄마 아빠도 늘 가슴 떨리는 삶을 살겠다고 약속할게.

이제 곧 품에 안게 될 너를 기다리는 이 벅찬 설렘을

영원히 잊지 않을게.

눈사람
무샌의
항 해

눈사람
무센의
항해

무센이라는 아주 별난 눈사람이 있었다. 어느 날 그는 사람이 되고 싶은 나머지 생명의 섬을 찾아 항해를 떠났다. 눈사람인데도 뜨거운 햇살과 파도를 헤치며 항해할 수 있었던 것은 그가 '녹지 않는 눈사람'이기 때문이다. 어떤 이는 무센의 몸속에 들어 있는 신비로운 물질 덕분이라 여겼지만, 대부분의 눈사람들은 그의 마음이 얼음보다 차가워서 앞으로도 영원히 녹지 않을 거라 믿었다.

바다로 나온 지 한 달쯤 지났을 때, 무센은 작은 나무통을 붙잡은 채 바다에 떠 있는 해적을 발견했다. 해적은 이제 살았구나 하는 표정으로 도움을 청했다. 그러나 무센은 못 본 척 뱃머리를 돌려버리고 말았다.

"날 구해주면 보물이 있는 곳을 알려주겠소!"

해적은 절박하게 울부짖었다. 그제야 무센은 밧줄을 던져 해적을 건져 올렸다. 해적은 배에 오르자마자 표정이 돌변하더니 무센을 발로 걷어차기 시작했다.

"조난자를 외면하다니 피도 눈물도 없는 놈!"

또 한 번 발길질을 하려는 순간, 해적은 비로소 상대가 눈사람이라는 것을 알았다.

"쳇, 사람이 아니었군."

무셴은 그 말이 귀에 거슬렸다.

"흥, 그럼 약탈이나 일삼는 해적은 뭐 사람인가?"

"뭐야?"

무셴과 해적 사이에 주먹 다툼이 오갔다. 그렇게 한참 서로 엎치락뒤치락하는 사이, 바다에서는 또 한 명의 조난자가 소리치고 있었다.

"사람 살려! 그만 좀 싸우고 나 좀 살려주세요!"

무셴이 돌아보자 구명조끼를 입은 젊은 어부가 배를 향해 필사적으로 헤엄쳐 오고 있었다.

"젠장, 이 배는 구조선이 아니란 말이야!"

해적은 이때다 싶어 온 힘을 다해 무셴을 배 밖으로 떠밀어버렸다. 바다 위에

서 무센과 어부가 허우적거리는 동안 해적은 젖은 옷을 탁탁 털며 여유를 부렸다.

"살려줘, 이 나쁜 해적 놈아! 살려줘!"

비록 무센은 바닷물에 녹지는 않았지만 헤엄을 칠 줄 몰라 점점 물속으로 가라앉고 있었다. 그때 무센의 코앞으로 구명조끼가 둥둥 떠내려왔다. 보다 못한 어부가 자신의 조끼를 벗어 무센에게 던져준 것이다. 무센은 물속에서 구명조끼를 입느라 한참 바동거려야 했다. 그사이 어부는 이미 탈진한 듯 물속으로 서서히 가라앉고 있었다. 해적은 그제야 바다 위로 밧줄을 던져 어부와 무센을 차례로 건져 올렸다. 그러고는 갑판 위에 드러누워 가쁜 숨을 내쉬는 무센과 어부에게 퉁명스럽게 말했다.

"이제부터 이 배는 내가 몬다. 눈사람 따위에게 키를 잡게 할 순 없으니까."

"안 돼, 이 배의 주인은 나야!"

무센이 발악했지만 해적은 가소롭다는 듯 코웃음만 쳤다. 생명의 섬으로 향하던 무센의 돛단배는 졸지에 해적의 차지가 되고 말았다. 무센은 너무 억울한 나머지 갑판 위를 데굴데굴 굴렀고, 어부는 넋 나간 표정으로 망망대해만 바라보고 있었다.

그 뒤로 여러 날이 지났다. 무센과 어부는 돛단배의 지배자인 해적을 위해 음식을 만들거나 잔심부름을 하며 노예처럼 고된 하루를 이어나갔다. 무센은 이따금 해적의 빈틈을 노려보기도 했지만 힘으로는 도저히 그를 이겨낼 수 없었다.

"섬에 도착할 때까지는 내가 이 배의 왕이야. 반란을 일으키는 자는 용서하지 않겠어."

해적은 구조될 때보다 훨씬 더 기운을 되찾은 모습이었다. 무센과 어부는 잔뜩 위축되어 그의 명령에 복종해야만 했다.

"그나저나 어느 섬으로 가고 있는 거죠?"

어느 날 어부가 용기를 내어 해적에게 물었다. 해적은 '진주섬'이라고 짧게 대답했다.

"진주섬이라면 해적들의 소굴 아닌가요? 동료들을 만나러 가는 길이군요."

"만나긴 만나야지. 복수를 해야 하니까."

"복수라니요?"

"나를 배에서 몰아내고 보물을 차지한 그놈들…… 절대로 용서하지 않겠어."

해적의 눈은 분노로 이글이글 타올랐다.

"하지만 그 많은 해적들을 어떻게 혼자서 다 상대해요. 목숨이 위태로워질 텐데, 너무 무모하지 않나요?"

"이봐, 해적은 목숨보다 명예가 중요한 법이야. 복수할 수만 있다면 목숨 따윈 아깝지 않아. 하긴 고기나 잡는 어부가 뭘 알겠어."

"목숨보다 소중한 건 없어요."

"닥쳐! 가서 음식이나 만들어 와!"

어부는 선실로 들어가 생선을 굽기 시작했다. 선실 구석에는 무센이 시무룩한 표정으로 앉아 있었다. 무센이 생명의 섬으로 가던 중이라는 사실을 어부는 얼마 전에야 알았다. 눈사람들에게 전해 내려오는 전설에 따르면 생명의 섬에는 눈사람을 진짜 사람으로 만들어주는 신비로운 샘이 있다고 한다. 옛날부터 눈사람 왕국의 용감한 모험가들은 종종 생명의 섬을 찾아 떠나곤 했지만 성공한 이는 아무도 없었다. 모두들 항해 도중 녹아내려 바닷물이 되었기 때문이다. 하지만 무셴은 녹아내릴 염려가 없었다.

"눈사람 주제에 사람이 되고 싶다니 어이가 없군."

해적은 발끝으로 무셴의 허리를 쿡쿡 찔러대며 마음껏 비웃고 조롱했다. 무셴은 화가 나서 견딜 수 없었지만 해적에게 대들 엄두가 나지 않았다.

"그런데 생명의 섬은 어디에 있나요?"

어부가 무셴에게 물었다.

"두 개의 바다가 만나는 곳, 검은 봉우리 위로 언제나 쌍무지개가 떠 있다고 했어. 저 해적 놈만 내리고 나면 곧장 생명의 섬으로 갈 거야."

그렇게 시간이 흐르는 동안 해적이나 무셴, 그 누구도 어부에게 목적지를 묻지 않았다. 어부는 그저 틈만 나면 갑판에 나와 앉아 먼 바다를 바라보며 한숨만 길게 내쉴 따름이었다.

어느 날 큰 폭풍이 몰려왔다. 시커먼 먹구름이 하늘을 가리고, 바다 위로는 굵은 장대비가 쏟아졌다. 검은 파도가 꿈틀거리며 배를 집어삼키기 시작했다. 무셴은 난생처음 겪는 폭풍에 정신을 잃을 지경이었다.

"돛을 내려라! 선실 문을 닫아!"

해적은 거센 폭풍우 속에서도 키를 놓지 않은 채 무센과 어부에게 명령을 내렸다. 배 위로는 번개와 천둥이 끊임없이 내리쳤다. 어부는 갑판 구석에서 떨고 있는 무센을 선실 안으로 들여보내고 문을 단단히 걸어 잠갔다.

배는 금방이라도 뒤집어질 듯 기울었다. 어부는 몇 번이나 갑판 위로 나동그라지면서 가까스로 돛을 내린 뒤 해적의 다음 명령을 기다렸다. 해적은 능숙한 솜씨로 배를 조종했다. 깃대가 번개에 맞아 부서지고 집채만 한 파도가 덮치는 혼돈 속에서도 그는 타륜을 이리저리 돌리며 배를 조종했다. 어부는 갑판 위에 간신히 버티고 선 채 해적에게서 눈을 떼지 않았다.

그 순간 한 줄기의 번개가 해적을 향해 내리쳤다. 해적은 비명 한 번 지르지 못하고 바다로 떨어졌다. 어부는 생각할 겨를도 없이 밧줄을 몸에 묶고는 곧장 검은 파도 속으로 뛰어들었다.

무센은 어부가 왜 해적을 구해냈는지 도무지 이해할 수가 없었다. 심지어 어부는 해적을 선실에 누이고는 온갖 정성을 다해 부러진 다리를 치료해주었다.

"그 해적 놈만 없으면 마음 편하게 항해할 수 있을 텐데 왜 살려내려는 거야?"

"해적이 아니었다면 우린 살아남을 수 없었을 거예요. 이 사람이 배와 우리를 모두 구해낸 거예요.”

“쳇, 말도 안 되는 소리!”

무센은 선실 문을 박차고 나가 배를 조종하기 시작했다. 해적이 저렇게 된 이상 이제 배는 다시 무센의 차지였다. 무센은 생명의 섬을 향해 뱃머리를 힘차게 돌렸다.

해적이 의식을 되찾은 것은 사흘쯤 지날 무렵이었다. 하지만 그는 선실 밖으로 나오려다 갑판 위에 나동그라지고 말았다. 어부가 부리나케 달려가 부축하려 하자 해적은 거칠게 밀치며 소리쳤다.

“저리 비켜! 건드리지 마!”

“다리가 아물 때까지 누워 있어야 돼요!”

“왜 네 멋대로 날 구한 거야? 이런 꼴로 사느니 차라리 죽는 게 나아!”

해적은 정말로 바다에 뛰어들려는 듯 갑판을 기어가기 시작했다. 어부는 필사적으로 해적을 부둥켜안았다. 무센은 갑판 위에서 해적과 어부가 뒤엉켜 구르는 모습을 지켜보며 헛웃음을 지었다.

“그러게 왜 살려내서 저 고생이람?”

해적은 어부와 몸싸움을 하다가 그만 정신을 잃고 말았다. 어부는 그를 들쳐 업어 선실에 누인 뒤 부러진 다리에 나뭇가지를 대고 붕대로 꼭꼭 감아주었다. 그런 다음 생선죽을 떠먹여주려 했지만 해적은 입을 꾹 다물고만 있었다. 다음 날, 또 그 다음 날도 해적은 입을 열지 않았고, 시간이 갈수록 몸은 점점 야위어갔다.

“부러진 다리는 다시 붙게 될 거예요. 몸도 예전처럼 튼튼해지겠죠. 그러자면 어떡하든 기운을 되찾아야 해요. 미리 포기하는 건 어리석은 짓이에요."

무센의 눈에는 부질없고 어리석은 짓으로만 보였지만, 어부는 끈질기게 해적을 설득했다.

그런 어느 날, 해적의 입이 스르르 열렸다. 어부는 해적의 입에다 생선죽을 한 숟갈, 두 숟갈 천천히 떠 넣어주기 시작했다.

◆◆

한 달여가 지날 무렵부터 해적은 절뚝거리며 걸을 수 있게 되었다. 그는 무센에게는 눈길 한번 주지 않은 채 하루 종일 갑판 위에 멍하니 앉아 있기만 했다. 배가 어디로 가고 있는지 관심조차 없는 듯했다. 그사이 어부는 폭풍 때 부서진 곳들을 고치거나 손수 만든 그물로 물고기를 잡느라 진땀을 흘리고 있었다. 물고기는 좀처럼 잡히지 않았지만, 어부는 그나마 애써 잡은 몇 마리를 다시 바다에 놓아주기까지 했다.

"왜 놓아주는 거야?"

해적이 묻자 어부는 씩 웃으며 대답했다.

"알을 밴 어미 고기니까요."

놓아준 고기가 다시 헤엄치는 모습을 해적은 물끄러미 바라보았다.

며칠 뒤 해적은 어부를 도와 그물을 끌어당기기 시작했다. 이따금 제법 큼지막한 정어리가 걸릴 때면 둘은 "와아!" 하고 소리치며 힘차게 그물을 끌어올리곤 했다. 그런 날이면 갑판 위에 정어리 굽는 연기가 모락모락 피어올랐다. 하루는 늘 멀찌감치 떨어져서 키를 잡고 있던 무센이 그들에게 말을 걸어왔다.

"도대체 그런 걸 무슨 맛으로 먹지?"

"맛이란 게 뭔지 알긴 아나?"

해적이 정어리를 높이 치켜들며 말했다.

"내가 왜 몰라?"

무센은 성큼성큼 다가와 정어리 한 마리를 입에 넣고 우물거리기 시작했다. 하지만 정어리는 무센의 입속에서 이내 얼음처럼 딱딱하게 굳어버리고 말았다. 무센이 정어리 고기를 퉤퉤 뱉어버리자 해적은 껄껄 웃으며 말했다.

"눈사람 주제에 사람 흉내를 내는 꼴이 참 가관이로군."

무센은 원망에 찬 눈초리로 해적을 노려보다가 다시 타륜 쪽으로 가버렸다.

"자넨 어쩌다 조난을 당했나? 어디로 가던 중이었지?"

어느 날 해적이 처음으로 어부에게 물었다.

"커다란 참치를 잡아보려고 욕심 부리다 고향 섬에서 너무 멀리 나와버리고 말았어요. 그러다 태풍을 만나 배를 잃고 말았죠."

"고향이 어딘데?"

"잘 모를 거예요. 코끼리섬이라고, 이름하곤 안 어울리게 아주 작은 섬이죠."

"곰섬에서 닷새쯤 떨어진 그 섬 말인가?"

"어? 코끼리섬을 아세요?"

"난 평생을 바다 위에서만 살았어. 온 세상 바다를 훤히 알고 있지."

"그럼 생명의 섬이 어디쯤 있는지도 알겠네요?"

"그런 섬은 없어. 저 눈사람 녀석은 영원히 바다에서 헤매게 될 거야."

해적과 어부의 시선이 동시에 무센에게로 향했다. 무센은 키를 잡은 채 먼 바다만 바라보고 있었다.

"아니, 어쩌면 생명의 섬이 정말 있을지도 몰라요. 세상은 신비로운 곳이니까."

어부가 무센을 바라보며 중얼거렸다.

또 며칠이 흐르는 동안 몇 가지 해괴한 일이 일어났다. 어부가 던진 그물에 돌고래가 낚여 올라오면서부터였다. 해적과 어부가 돌고래를 갑판 위에 내려놓고 보니 등지느러미에 작살 하나가 꽂혀 있었다. 어부는 돌고래의 눈을 한참 바라보다가 이렇게 중얼거렸다.

"일부러 그물에 걸렸구나? 작살을 뽑아달라고."

어부가 작살을 뽑아내자 돌고래는 마치 인사라도 하듯 고개를 위아래로 흔들어댔다. 해적과 어부는 돌고래를 힘껏 들어 다시 바다로 보내주었다. 그런데 그때부터 배 주변으로 비슷한 처지에 몰린 녀석들이 하나둘씩 다가오기 시작했다.

어망에 걸린 채 허우적거리는 바다거북, 낚싯바늘을 끼고 살아가던 넙치, 통발 속에서 발버둥치는 문어……. 어부는 녀석들을 하나하나 끌어올려 일일이 어망을 풀어내고, 바늘을 빼주고, 동발 속에서 꺼내주었다. 옆에서 지켜보던 해적도 처음에는 투덜투덜하더니 나중엔 어부를 거들기 시작했다.

'도대체 왜들 저러지?'

무센은 해적과 어부의 행동을 이해할 수 없었다. 게다가 두 사람은 하루 온종일 그 일을 하느라 지칠대로 지친 와중에도 갑판 위에 나란히 드러누워 기분 좋게 껄껄 웃기까지 했다. 무센은 사람이 되기 전에는 도저히 그들을 이해할 수 없을 것만 같았다.

그날 밤 해적과 어부가 코를 드르렁드르렁 골며 잠든 동안 무센은 혼자 갑판 위에 앉아 생각에 잠겨 있었다. 사실 무센은 잠을 자본 적이 없다. 음식을 먹어본 적도 없다. 게다가 녹지도 않기 때문에 영원히 살 수 있다.

하지만 사람처럼 생각하거나 느껴본 적이 없는 탓에 '영원한 삶'이 어떤 의미인지 무센은 알지 못했다. 그는 궁금한 게 점점 많아졌다. 해적과 어부가 바다에서 건져낸 해초와 물고기로 만든 요리를 함께 나눠 먹을 때의 그 표정이 어떤 의미인지도 궁금했고, 갑판 위에서 바다를 보며 흥얼흥얼 노래할 때의 그 느낌도 궁금했다. 어부가 왜 자기한테 구명조끼를 벗어줬는지, 또 어째서 해적을 구하고 돌고래와 바다거북을 구했는지도 여전히 궁금했다.

그때 갑자기 달빛 사이로 갈매기 한 마리가 나타났다. 갈매기는 끼룩끼룩 배 위를 맴돌더니 겁도 없이 갑판 위로 내려와 무센을 향해 살금살금 다가왔다. 자세히 보니 왼쪽 다리에 철사줄이 묶여 있었다.

무센은 갈매기의 눈을 물끄러미 들여다보다가 무심코 철사줄을 풀기 시작했다. 손가락이 뭉툭해서 쉽진 않았지만 그래도 무센은 간신히 철사줄을 푸는 데 성공했다. 갈매기는 무센의 어깨 위에 올라타더니 다시 하늘로 휙 날아올랐다.

잠시 후 갈매기가 다시 나타났다. 녀석은 배 위를 두어 번 맴돌다가 마치 자기 집인 양 돛대 꼭대기에 내려앉아 날개를 접었다. 그날 이후로 갈매기는 배를 떠나지 않았다.

◆◆

한배를 탄 지 넉 달째 접어들면서부터 어부는 부쩍 한숨짓는 날이 많아졌다. 돛대 위에 앉아 있던 갈매기가 이따금 어깨나 무릎 위로 내려올 때면 어부는 마치 고향 소식이라도 들으려는 듯 귀를 기울이곤 했다.

무센은 마치 아는 길을 찾아가듯 달과 별의 위치를 가늠하며 배를 몰았다. 그런 어느 날 해적이 무센에게 처음으로 질문을 꺼냈다.

"도대체 넌 왜 안 녹는 거야?"

해적도 어부도 딱히 무센의 대답을 기대하진 않았다. 그래서 무센이 입을 열었을 때 두 사람은 적잖이 놀랐다.

"오래전에 날 처음으로 만든 사람이 내 안에 뭔가를 넣은 모양이야."

"뭘 넣었는데?"

해적은 자기도 모르게 무센 쪽으로 한 걸음 다가갔다.

"그걸 내가 어떻게 알아? 날 만든 사람만 알고 있겠지. 어쩌면 잊어버렸을 수도 있고. 아무튼 그것 때문에 녹지 않게 된 것 같아."

"하긴 나도 옛날에 나무토막이나 돌멩이, 연탄재 따위에다 눈을 뭉쳐서 눈사람을 만들곤 했지."

해적의 말에 어부도 맞장구를 쳤다.

"저도 그랬어요. 그냥은 잘 안 뭉쳐지니까 뭐든 눈 뭉치 씨앗이 될 만한 게 필요했죠."

"우린 어릴 때 조약돌을 넣곤 했지. 별처럼 생긴 하얀 조약돌인데 고향 바닷가에 그런 돌이 아주 많았거든. 햇빛에 닿으면 꼭 별사탕처럼 반짝반짝 빛났어."

"고향이 어딘데요?"

어부가 묻자 해적은 갑자기 입을 다물어버렸다. 그때 갈매기가 무센의 어깨 위로 날아오더니 마치 오랜 친구인 양 살며시 내려앉아 날개를 접었다. 그 모습을 바라보던 어부가 무센에게 슬며시 다가갔다. 그는 이 틈을 타서 무센에게 부탁을 해보려는 참이었다. 어부는 생명의 섬으로 가기 전에 자신의 고향인 코끼리섬에 잠시 들러달라는 말을 더 이상은 마음에 담아둘 수가 없었다. 하지만 무센의 말이 그의 입을 닫게 만들었다.

"내가 언제까지 녹지 않고 버틸 수 있을지는 아무도 알 수 없어. 그래서 최대한 빨리 생명의 섬을 찾아야 해."

아닌 게 아니라 갈매기가 어깨 위에 앉았을 때부터 무셴은 땀을 흘리듯 조금씩 녹고 있었다.

◆◆◆

그날 해적과 어부는 밤이 깊도록 갑판에 앉아 이야기를 나누었다. 해적은 어부에게 생명의 섬이 정말 존재하기를, 그래서 하루 빨리 배가 그 섬에 도착하기를 바란다고 말했다.

"그래야만 자네가 고향으로 돌아갈 수 있을 테니까."

"그럼 당신은 어떻게 할 건데요? 진주섬으로 갈 건가요?"

어부가 물었다.

"아무리 평생을 바다에서 살았다 한들 내가 어떻게 그 작은 코끼리섬을 알고 있겠나? 사실 내 고향은 곰섬이야. 거기서 태어나 여섯 살 때부터 배를 탔지. 그러곤 한 번도 고향에 돌아가본 적이 없어. 그런데 요즘 들어 자꾸 궁금해지는군. 얼마나 변했을까."

"그랬군요. 우린 정말 가까운 곳에서 살고 있었네요."

"고향엔 누가 살고 있나?"

해적이 물었다. 어부는 삼시 보름날을 바라보다가 입을 열었다.

"아내와 두 아이가 있어요. 첫째는 세 살이고, 둘째는…… 다음 보름달이 뜰 때쯤 첫돌을 맞겠죠."

"한창 재롱부릴 때로군."

"기억이 희미해요. 이젠 녀석들 얼굴조차 생각이 잘 안 나네요."

어부는 눈물을 감추려 잠시 고개를 돌렸다. 그는 평생 거친 바다에서 두려움을 모르고 살아왔지만, 이젠 정말 무서운 것이 뭔지 알게 되었다고 했다.

"정말 무서운 건, 아이가 커가는 모습을 볼 수 없다는 거예요."

"우리 중에 꼭 돌아가야 할 사람은 바로 자네였군."

두 사람은 한동안 아무 말 없이 달만 바라보았다. 물결이 뱃전에 찰랑찰랑 부딪히는 소리만 자장가처럼 이어졌다. 물결 소리는 갈매기와 함께 돛대 아래에 앉아 있던 무센에게도 들려왔다. 그는 방금 어부와 해적이 나눈 이야기를 생각해보느라 몸이 조금씩, 조금씩 녹고 있는 줄도 몰랐다.

이튿날 해가 뜨자 무센이 해적에게 다가왔다.

"코끼리섬을 알고 있다고 했지? 여기서 얼마나 걸려?"

"글쎄, 두어 달은 걸릴걸."

"좀 더 빨리 갈 순 없어?"

"뭐라고?"

"이제부터 당신이 키를 잡아. 뱃머리를 코끼리섬으로 돌리란 말이야."

해적은 무센의 말을 선뜻 이해하지 못했다.

"생명의 섬은?"

"코끼리섬부터 먼저 가."

무센은 그렇게 말하고는 갑판으로 내려갔다.

해적은 돛을 올리고 뱃머리를 힘차게 돌렸다. 돛이 바람을 받아 크게 부풀자 배는 빠른 속도로 바다를 갈랐다. 해적은 망루 위에서 모자를 빙빙 돌리며 크게 소리쳤다.

"바람아, 계속 이대로만 불어다오! 전속력으로 전진이다!"

어부는 무센에게 다가가 손을 내밀었다.

"고마워요, 무센. 정말 고마워요."

무센은 말없이 갈매기에게 먹이를 주다가 이렇게 말했다.

"어떻게 그 소중한 것들을 두고 떠날 수 있지? 난 생명의 섬을 찾아 항해를 떠났지만 당신은 이미 다 가졌으면서 왜 떠나온 거야?"

어부는 아무 말도 할 수 없었다.

목적지가 코끼리섬으로 바뀌면서부터 배 안의 분위기는 사뭇 달라졌다. 해적이 키를 잡고 있는 동안 무센은 길매기와 함께 망루에 올라가 사방을 주시했고, 어부는 해적의 지시에 따라 선실과 갑판을 부지런히 오갔다. 마치 오래전부터 함께 바다를 누벼온 선원들처럼 그들은 하루하루 호흡을 맞춰나갔다.

해적과 어부만 즐겨 앉던 갑판 뒷자리에 이제는 무센과 갈매기도 함께하게 되었다. 이따금 날치 떼가 새처럼 날다 갑판 위로 후드득 떨어지는 날이면 때아닌 날치 파티가 열리기도 했다. 무센은 비록 그 만찬의 참맛을 느낄 수 없었지만 해적과 어부가 생선이나 바닷게를 먹을 때마다 옆에서 신기한 듯 바라보곤 했다.

"잘 봐, 다리를 이렇게 잡고 한 번에 확 열어젖히는 거야."

해적은 무센에게 바닷가재 먹는 법을 가르쳐주기도 했다.

"먹지도 못할 걸 왜 가르쳐줘?"

무센이 묻자 해적은 이렇게 대답했다.

"나중에 사람이 되면 이 맛을 꼭 느껴보라고."

그러면서 날치나 정어리, 바닷게의 맛을 일일이 묘사해주기도 했다. 어부가 듣기엔 도무지 무슨 뜻인지 알쏭달쏭했지만 무센은 언제나 열심히 귀를 기울였다.

"그나저나 보름달이 뜨기 전에 코끼리섬에 도착할 수 있을까?"

무센이 물었다.

"바람만 계속 이렇게 불어준다면야……."

해적이 돛을 바라보며 말했다. 하지만 표정은 그다지 밝지 않았다. 서쪽 하늘을 뒤덮고 있는 먹구름 때문이었다. 이제 곧 폭풍이 몰려올 조짐이었다.

"저 폭풍만 견뎌낸다면 우린 성공할 거야."

무센과 어부도 그 사실을 잘 알고 있었다.

"눈사람 왕국은 어떤 곳이에요?"

어부가 분위기를 바꾸려는 듯 무셴에게 물었다.

"그야 뭐, 눈사람들이 사는 곳이지."

해적과 어부는 무셴에게 좀 더 다가앉았다.

"사람들이 만든 눈사람은 결국 언젠가는 녹아서 사라지게 마련이잖아. 하지만 사람들이 모르는 게 하나 있는데, 어떤 눈사람은 그냥 녹는 게 아니라 눈사람 왕국에서 다시 태어난다는 사실이야."

"어떤 눈사람?"

해적이 물었다.

"사람이 태어나서 처음 만든 눈사람이지. 물론 그걸 기억하는 사람은 거의 없어. 다들 어릴 때 처음으로 만든 눈사람을 기억해?"

해적과 어부는 나란히 고개를 저었다.

"당연히 기억 못할 거야. 하지만 그 눈사람들은 아직도 눈사람 왕국에서 살고 있어."

"뭘 하면서 사는데요?"

어부가 물었다.

"그냥 가만히 서서 꿈꾸고 상상하는 게 전부야. 나를 만든 사람은 어떻게 살고 있을까, 주로 이런 상상을 하면서 말이야."

하지만 무셴은 다른 눈사람들과는 달리 그저 상상만 하면서 사는 게 지겨웠다고 말했다.

"사람으로 사는 게 어떤 건지 너무 궁금해."

잠시 침묵이 흘렀다. 묵묵히 듣고 있던 해적이 무센의 어깨를 툭툭 두드리며 이렇게 말했다.

"자넨 생명의 섬에 꼭 가게 될 거야."

어둠이 깔릴 즈음 서쪽 하늘의 먹구름이 코앞으로 바싹 다가오고 있었다. 두 번째 폭풍이 시작될 참이었다.

"폭풍이 이 배를 좀 더 빨리 데려다주기를……."

해적이 비장한 표정으로 무센과 어부를 번갈아 보며 말했다. 그 말을 신호로 무센과 어부는 각자의 위치로 돌아가 폭풍과의 한판 승부를 준비했다.

"우린 이번에도 꼭 이겨낼 거예요."

어부가 무센에게 말했다.

"그렇게 강한 마음은 도대체 어디서 나오는 거야?"

무센이 정말 궁금하다는 듯이 물었다.

"살아서 애들한테 들려줄 이야기가 너무 많기 때문이죠. 그리고 또 당신은 생명의 섬에 가야 할 운명이니까."

어부가 말을 마치자마자 강풍과 함께 파도가 일어서기 시작했다. 무센과 어부는 모든 준비를 마친 뒤 해적 곁으로 다가가 밧줄로 서로의 몸을 단단히 묶었다.

해적은 키를 단단히 잡은 채 무섭게 밀려오는 파도를 노려보았다. 돛대 위에서 불안하게 날고 있던 갈매기도 폭풍을 피해 멀리 날아갔다. 곧이어 집채만 한 파도가 배를 덮쳤다. 무센과 해적과 어부는 거센 강풍과 파도 속에서도 꽉 잡은 손을 놓지 않았다.

두 번째 폭풍은 첫 번째보다 훨씬 크고 사나웠다.

$$\diamond\!\!\diamond$$

폭풍이 지나고 며칠이 흘렀지만 해적과 어부는 좀처럼 깨어나지 못했다. 예전에 어부가 해적에게 그랬던 것처럼 무센은 두 사람을 선실에 나란히 누인 뒤 그들을 간호했다.

폭풍은 지나갔지만 무센의 돛단배는 더 이상 항해가 불가능할 정도로 파괴되고 말았다. 돛대는 부러졌고 갑판과 선체 외벽도 심하게 부서졌다. 하지만 배의 상태보다 더 심각한 것은 바로 무센이었다. 녹아내리는 속도가 점점 빨라지고 있었다. 해적과 어부는 의식을 회복하자마자 무센을 걱정하기 시작했다.

"무센, 어떻게 된 거야? 점점 녹고 있잖아!"

"난 괜찮아. 어서 코끼리섬부터 찾아!"

그러나 해적은 배의 상태를 살펴보더니 절망적으로 고개를 흔들었다.

"이 상태로는 힘들 것 같아."

무센은 본능적으로 어부의 표정을 살폈다. 언제나 강한 믿음을 보여주던 어부가 이번에도 반드시 힘을 낼 거라고 생각했다. 하지만 어부는 갑판에 힘없이 주저앉고 말았다. 해적과 어부의 표정에서는 점점 희망이 사라지고 있었다.

"아직 끝나지 않았어!"

갑자기 무센이 외쳤다. 그는 부러진 돛대를 일으켜 세우기 시작했다.

"무센, 우리 힘으론 불가능해. 소용없어!"

해적이 말렸지만 무센은 멈추지 않았다.

"불가능? 난 그게 무슨 뜻인지 몰라. 우리 항해는 이대로 끝날 수 없어!"

무센의 말이 끝나자마자 믿기 힘든 일이 벌어졌다. 하늘에서 갈매기 떼가 날아와 배를 에워싸기 시작한 것이다. 그뿐만이 아니었다. 바다에서도 셀 수 없이 많은 돌고래와 바다거북이 몰려들었다.

"어, 배가 움직여!"

돌고래와 바다거북이 배를 떠밀고 있었다. 어부가 갑판 위에 있던 그물을 재빨리 던져주자 돌고래와 바다거북은 그물을 입에 물고 힘차게 헤엄치기 시작했다.

"갈매기들도 거들고 싶은 모양이야!"

해적과 무센은 배에 묶인 밧줄을 여러 갈래로 풀어서 갈매기의 다리에 하나하나 묶어주었다. 갈매기들이 부채꼴로 넓게 퍼져 날기 시작하자 배는 마치 하늘을 날듯이 파도를 갈랐다.

"애들한테 들려줄 이야기가 또 하나 늘었군."

무센이 어부에게 말했다.

그날 밤 하늘 위에는 마치 그들의 목적지를 알려주듯 커다란 길잡이별이 떠 있었다. 며칠 후 보름달이 뜰 무렵, 배는 코끼리섬 앞바다로 접어들고 있었다.

죽은 줄만 알았던 어부가 살아 돌아오자 코끼리섬 주민들은 환호성을 질렀다. 그들은 무엇보다 어린 두 아이와 아빠의 만남을 애타게 기다려왔다. 어부는 배가 뭍에 닿자마자 큰소리로 가족을 외쳐 부르며 집으로 뛰어갔다. 뒤따르던 해적과 무센은 어부가 아내와 두 아이를 부둥켜안고 우는 모습을 먼발치에서 바라보았다. 잠시 후 어부가 두 아이를 번쩍 안아 든 채 그들에게 다가왔다.

"얘들아, 아빠를 구해주신 분들이란다. 이분들 덕분에 아빠가 너희를 만날 수 있었단다."

어부가 둘째를 품에 안겨주자 해적은 얼떨떨한 표정을 짓다가 이내 눈시울을 붉혔다. 하지만 무센은 아기를 안지 않았다.

"난 너무 차가워서 아기가 놀랄 거야."

하지만 어부는 말없이 아기를 무센의 품에 안겨주었다. 아기를 안아들자마자 무센의 얼굴이 줄줄 녹아내리기 시작했다. 모두들 그것이 눈물이라고 생각했다.

"사람이 되면 나도 이렇게 예쁜 아기를 낳을 수 있을까?"

무센이 혼자 중얼거리자 해적이 어깨를 두드리며 "이제 생명의 섬으로 가자"고 속삭였다.

그날 밤 코끼리섬의 바닷가에는 무센의 마지막 항해를 축복하는 환상 인파도

가득했다. 어부는 무센과 해적을 꽉 끌어안으며 속삭였다.

"반드시 성공할 거예요. 전 믿어요!"

무센과 해적이 배에 오르자 갑판 위에서 쉬고 있던 갈매기들이 일제히 하늘로 날아올랐다. 그와 동시에 돌고래와 바다거북들도 출항을 서두르기 시작했다. 무센과 해적은 갑판 위에 서서 어부와 주민들이 보이지 않을 때까지 손을 흔들었다.

"곰섬이 여기서 닷새 거리라고 했잖아. 자네 고향부터 먼저 가. 생명의 섬은 나 혼자서도 찾아갈 수 있으니까."

무센이 줄줄 녹아내리는 얼굴로 말했다. 해적은 뜨거운 햇빛을 피해서 무센을 어두운 선실 안으로 데려갔다.

"그런 소리 하지 마. 자넨 점점 녹고 있어. 최대한 빨리 생명의 섬을 찾아야 해."

해적은 무슨 일이 있어도 무센과 끝까지 함께하겠다고 말했다. 사실 그들은 이런 대화를 나눌 필요가 없었다. 배는 이미 갈매기와 돌고래, 바다거북이 이끄는 대로 먼 바다를 향해 나아가고 있었다.

"저 친구들이 생명의 섬을 찾아줄 거야."

해적이 말했다.

해적은 무센이 언제부터, 그리고 왜 녹기 시작했는지 알 수가 없었다. 웬만한 어른보다 덩치가 더 컸던 무센이지만 코끼리섬을 떠나면서부터는 하루가 다르게 줄어들더니 이제 어린아이만큼 작아져 있었다. 해적은 갑판으로 나가 갈매기와 돌고래, 바다거북에게 좀 더 빨리 가달라고 소리쳤다. 배는 바람처럼 빠르게 물살을 갈랐다. 하지만 먼먼 수평선 그 어디에도 섬은 보이지 않았다. 해적은 속이 타들어 가는 심정이었다.

"사람이 되면 꼭 하고 싶은 게 있었어."

어느 날 무센이 말했다.

"물론 헛된 꿈이겠지만, 날 만든 사람을 만나보고 싶었어. 어떤 사람인지, 또 어떻게 살고 있는지 궁금했거든."

무센은 점점 심하게 녹아내렸다. 해적은 바닥으로 흘러내리는 물을 쉴 새 없이

닦아내며 이야기를 듣고 있었다.

"그런데 이젠 안 궁금해. 난 이미 아주 괜찮은 두 사람을 알게 됐으니까 말이야. 오래전에 나를 만든 그 어린아이도 아마 자네들처럼 멋진 인생을 살고 있을 거라고 믿어."

"무센, 자꾸 말하지 마. 말을 하면 할수록 점점 녹잖아!"

"녹는 걸 멈출 수는 없어. 아마 오늘 중으로 난 사라지게 될지도 몰라."

그때 선실 밖에서 갈매기 떼의 울음소리가 길게 울려 퍼졌다. 해적은 부리나케 밖으로 뛰어나갔다. 갑판 위에 서는 순간 해적은 환호성을 질렀다.

"무센! 보인다, 보여! 생명의 섬이야!"

해적의 눈앞에 신비로운 섬 하나가 나타난 것이다. 검은 봉우리 위로 쌍무지개가 걸려 있고, 수많은 폭포가 바다로 떨어지고 있었다. 해적은 선실로 달려가 무센을 안고 밖으로 나왔다.

"아, 생명의 섬⋯⋯."

무센은 어느새 작은 강아지 크기만큼 줄어들어 있었다.

"무센, 조금만 더 힘을 내! 이제 몇 시간 뒤면 도착할 수 있어!"

해적은 모자를 벗었다. 그리고 이젠 너무도 작아진 무센을 모자에 곱게 담았다.

"사람이 된다는 건 어떤 느낌일까 늘 궁금했는데, 이젠 조금 알 것 같아."

"그래, 이제 저 섬에 닿게 되면 정말로 잘 알게 될 거야."

"아니야, 난 괜찮아. 왠지 이미 생명의 섬에 가본 느낌이거든."

해적은 점점 사라져가는 무센을 보며 눈물을 뚝뚝 흘리기 시작했다. 잠시 후 무센은 마지막 한마디를 남긴 채 완전히 사라졌다.

"참 다행이야. 좋은 기억을 많이 안고 갈 수 있어서……."

"무센, 안 돼! 무센, 무센!"

해적은 참았던 울음을 터뜨리고 말았다. 눈물 속에서 그는 뭔가 반짝이는 결정체를 보았다. 자신이 평생 쓰고 다니던 해적 모자 안에는 별사탕처럼 생긴 작고 하얀 조약돌이 반짝이고 있었다. 배가 생명의 섬에 닿을 때까지 해적은 조약돌을 품에 안은 채 눈물을 흘리고 있었다.

긴긴 떠돌이 생활을 끝낸 해적은 고향인 곰섬으로 돌아와 바닷가에 집을 짓고 새로운 삶을 꿈꾸기 시작했다. 이듬해 겨울, 곰섬에 유난히도 많은 눈이 내렸다.

하루 종일 내린 눈으로 온통 하얗게 뒤덮인 바닷가에 한 척의 배가 들어오고 있었다. 아침부터 바다만 바라보던 해적은 미소를 지으며 해변으로 걸어 나갔다. 배에서 내린 사람은 다름 아닌 어부였다.

"약속대로 와주었군."

해적이 손을 내밀자 어부는 두 팔로 그를 안았다. 잠시 후 두 사람은 맨손으로 눈 뭉치를 굴리기 시작했다. 점점 커져가는 눈 뭉치 속에는 해적이 늘 간직해오던 별 모양의 조약돌이 들어 있었다.

해가 지고 바닷가에 어둠이 낄릴 즈음, 해적의 집 앞에 커다란 눈사람이 서 있었다. 두 사람은 오랜 친구인 양 눈사람을 향해 이렇게 말했다.

"무센, 아직 항해는 끝나지 않았어."

그날 밤 어부는 해적의 집에서 따뜻한 술과 안주를 먹으며 오래도록 이야기꽃을 피웠다. 두 사람이 술과 그리움에 취해 있는 동안 창밖에 서 있던 눈사람의 얼굴에는 생명처럼 행복한 미소가 피어나고 있었다.

눈사람 무센의 항해

눈사람 무센에겐 두 가지 비밀이 있어요.

하나는 녹지 않는 눈사람이라는 것이고,

또 하나는 사람이 되고 싶어 한다는 거예요.

어느 날 무센은 머나먼 생명의 섬을 찾아 항해를 떠났어요.

눈사람을 진짜 사람으로 만들어준다는 전설의 섬으로 가기 위해서였죠.

무센은 바다에서 우연히 해적과 어부를 만났는데

그때부터 배가 그만 엉뚱한 곳으로 향하기 시작했어요.

못된 해적이 배를 빼앗아 제멋대로 방향을 틀었거든요.

게다가 해적은 무센과 어부를 마구 부리기까지 했어요.

그런 어느 날 바다 위로 큰 폭풍이 몰아쳤어요.

해적은 배를 지키기 위해 끝까지 폭풍과 맞서다가

번개에 맞아 그만 바다에 빠지고 말았어요.

그때 어부가 재빨리 뛰어들어 해적을 구해냈어요.

"도대체 그 해적은 왜 구해준 거야?"

무쎈이 소리치자 어부는 해적 덕분에

모두가 살 수 있었다며 정성껏 치료해주었어요.

해적은 다행히 정신은 차렸지만 다리를 심하게 다치고 말았어요.

당연히 이제 배에서 주인 행세를 할 수도 없게 됐죠.

무쎈은 다시 생명의 섬을 향해 뱃머리를 힘차게 돌렸어요.

다리를 다친 해적은 살아갈 희망도 잃은 것처럼 보였어요.

자기를 왜 구했냐며 어부를 원망하기도 했죠.

하지만 어부는 해적을 위해 고기를 잡아 요리까지 해주며

희망을 잃지 말라고 했어요.

무쎈은 그런 어부를 도무지 이해할 수가 없었죠.

어부가 말하는 희망이란 게 뭔지도 궁금했어요.

언제부터인가 해적은 어부와 이야기를 나누기 시작했어요.

또 어부와 함께 그물을 끌어올리고 요리도 거들었죠.

해적은 점점 어부의 착한 마음씨에 이끌렸던 거예요.

어부는 알을 밴 어미 고기는 다시 풀어주곤 했어요.

무쎈은 어부와 해적이 하는 짓을 통 이해할 수가 없었죠.

하지만 그럴수록 점점 더 사람이 궁금해지기도 했어요.

그때 갑자기 갈매기 한 마리가 무셴의 어깨 위에 내려앉았어요.

갈매기는 왼쪽 발에 철사가 묶여 있어 몹시 아파했어요.

무셴은 아무 생각 없이 철사를 풀어주었어요.

자기도 모르게 사람 흉내를 한 번 내본 건데 기분이 왠지 좋아지는 것 같았죠.

무셴은 어부와 해적의 이야기를 엿들으면서 점점 더 많은 걸 알게 됐어요.

어부의 고향은 코끼리섬이고, 해적의 고향은 곰섬이었죠.

신기하게도 코끼리섬과 곰섬은 아주 가까운 거리에 있었어요.

어부는 고향 이야기를 할 때마다

어린 두 아이와 아내를 생각하며 눈물을 흘리곤 했어요.

아빠 없이 크고 있을 아이들을 생각하면

도저히 나쁜 짓을 할 수 없을 것 같다는 말도 했죠.

그런 이야기를 엿듣는 동안 무셴은 눈에서 눈물이 또르르 흘러내렸어요.

하지만 그건 눈물이 아니었어요.

무셴은 아무도 모르게 조금씩, 아주 조금씩 녹고 있었던 거예요.

다음 날 어부와 해적은 깜짝 놀랐어요.

무셴이 해적에게 배를 몰게 했거든요. 그것도 코끼리섬으로 말이에요.

어부와 해적은 무셴이 왜 마음을 바꿨는지 알 수가 없었죠.

어쨌든 배가 코끼리섬으로 방향을 바꾸면서

배 안에는 흥겨운 분위기가 흐르기 시작했어요.

하루는 해적이 무센에게 물었어요.

"무센, 넌 눈사람인데 왜 녹지 않지?"

무센은 오래전에 자기를 만들었던 사람이

몸 안에 뭔가 신비로운 것을 넣었기 때문이라고 말했어요.

그러자 어부와 해적은 눈사람을 만들던 어린 시절을 떠올렸어요.

해적은 어릴 때 별처럼 생긴 하얀 조약돌로 눈사람을 만들었다며 껄껄 웃었죠.

드디어 배가 코끼리섬에 도착했어요.

어부는 맨발로 달려가 아내와 두 아이를 안고 눈물을 흘렸죠.

그러고는 어린 둘째를 무센에게 안기며 인사시켜주었어요.

아기를 품에 안는 순간 무센의 얼굴이 눈물처럼 줄줄 녹아내리기 시작했어요.

어부와 헤어져 다시 배에 오른 뒤로 무센은 점점 더 빨리 녹아내렸어요.

해적은 무센을 위해 곧장 생명의 섬으로 뱃머리를 돌렸죠.

"무센, 저기 생명의 섬이 보인다, 조금만 참아!"

하지만 무센은 고개를 저으며 이렇게 말했어요.

"난 괜찮아. 이미 생명의 섬에 가 본 느낌이야.

고마워, 좋은 추억을 많이 만들어줘서."

그 말을 남긴 채 무센은 완전히 녹아버리고 말았어요.

무센이 사라진 자리에는 별처럼 생긴 하얀 조약돌만 덩그러니 남아 있었어요.

이듬해 겨울, 눈이 수북이 쌓인 곰섬의 바닷가에서

해적과 어부가 다시 만났어요.

두 사람은 서로 반갑게 부둥켜안았어요.

그러고는 약속한 듯이 눈뭉치를 굴리기 시작했어요.

그 속에는 무센이 남겨준 별 모양의 하얀 조약돌이 들어 있었죠.

눈사람을 다 만든 다음 해적과 어부는 밤늦도록 이야기꽃을 피웠어요.

창밖에는 무센과 꼭 닮은 눈사람이 서서 흐뭇하게 미소 짓고 있었죠.

"가슴에 별을 품은 아이로 자라렴."

무센은 사람이 되고 싶었지만 딱하게도 그만 녹아버리고 말았어.

하지만 아빤 무센이 원하는 걸 다 이루었다고 생각해.

왜냐하면 무엇보다 소중한 '사람의 마음'을 배우고 느꼈잖아.

어부한테는 남을 위해 희생하는 고결한 마음을 배웠고

해적한테는 잘못을 뉘우치고 새롭게 거듭나는 용기를 배웠지.

또 폭풍 속에서 끝까지 희망을 잃지 않는 강한 마음도 배웠어.

사람들은 흔히 인생을 바다에 비유한단다.

그런데 바다가 늘 잔잔하기만 하면 아무것도 배울 수 없어.

무센과 해적, 어부도 폭풍을 이겨내면서 점점 더 가까워지고,

마침내 희망 하나로 똘똘 뭉치게 되잖아.

그래서 아빤 시련이야말로 희망을 찾아주는 도구라고 생각해.

그런데 희망이란 건 도대체 어디에 있는 걸까?

어쩌면 태어날 때부터 이미 가슴 깊이 심어진 걸지도 몰라.

무센의 가슴에 별 모양 조약돌이 들어 있었던 것처럼 말이야.

아빠에게도 엄마에게도, 그리고 우리 아기에게도

반짝반짝 빛나는 별이 하나씩 들어 있단다.

그래, 그 별이 우리를 언제나 환하게 비춰줄 거야.

2

CHAPTER

정말 아름다운 사람은
자기다움을 가진 사람이야

나답게 크는 이야기

마음 깊이 두레박을 내려보세요.
색색의 아름다운 감정들이 가득 담길 거예요.

이따금 거울에게 말을 걸어보세요.
"거울아, 거울아, 내 마음의 얼굴을 보여줄래?"

때로는 전혀 하지 않던 생각을 해보세요.
삶을 바꾸긴 어려워도 생각을 바꾸는 건 쉬우니까요.

하늘의
페인트공

하늘의 페인트공

이웃 마을에 아주 게으른 페인트공이 살았어. 나도 뭐 그다지 부지런한 편은 아니지만 그 친구는 정말 못 말리는 게으름뱅이였지. 붓을 잡아본 지가 언제인지조차 까맣게 잊고 있을 정도니까 말이야.

언젠가 한번은 페인트공들끼리 모인 자리에서 다들 그 친구를 호되게 몰아세운 적이 있었지. 나도 그 자리에 있었는데 아주 눈물이 쏙 빠질 만큼 매섭게 혼이 나고 있었어.

"매일매일 밤하늘에 달과 별이 뜨듯이 우리 페인트공들에게도 반드시 해야 할 일이 있습니다. 해 뜨기 전까지 마을을 구석구석 색칠하는 게 우리의 천직 아닙니까? 그런데 보세요, 저 마을은 왜 색깔이 없죠? 대답해보세요!"

동료 페인트공들이 마구 손가락질을 해대기 시작했지. 그런데 이 게으른 친구가 고개를 확 치켜들더니 이러는 거야.

"나도 게으르고 싶어서 게으른 게 아니오. 색을 칠하고 싶어도 당최 물감이 있어야지. 저 마을에서는 더 이상 물감이 나지 않는단 말이오! 정 그렇다면 누가 내게 물감 좀 꿔주시오. 누가 꿔주시겠소?"

그러자 길길이 날뛰던 페인트공들이 갑자기 딴청을 피우기 시작했지. 물감을 꿔달라는 말 한마디에 분위기가 싹 가라앉은 거야.

자, 이쯤에서 우리가 어떤 일을 하는지 좀 더 자세히 알려줘야 할 것 같군.

말했다시피 우리는 페인트공이긴 한데 평범한 페인트공은 아니야. 우린 문짝이나 지붕뿐만 아니라 하늘, 땅, 나무, 호수, 바다, 집, 사람, 강아지, 나비 할 것 없이 그야말로 온 세상 곳곳을 색칠하는 아주 거룩한 페인트공들이지.

사람들은 세상이 원래부터 빨강, 노랑, 파랑 할 것 없이 온갖 색을 띠고 있다고 생각하지만, 사실은 우리가 밤새 열심히 색칠을 해놨기 때문에 그렇게 아름다운 거야. 어떤 페인트공은 정말 예술 작품처럼 멋지게 색칠하기도 해.

그래서 '세계에서 가장 아름다운 마을'이니 '죽기 전에 꼭 가봐야 할 10대 여행지'니 하는 찬사를 듣기도 하지. 하루 이틀도 아니고 매일매일 그렇게 색칠한다는 건 정말 대단한 일이 아닐 수 없어.

사실 이 세상 모든 것들은 낮 동안 저마다 자기 색깔을 뽐내다가 밤이 되면 다시 투명해져. 이를테면 색이 쏙 빠지는 셈이야. 그럼 우리는 사람들이 모두 잠든 사이에 마을 하늘 위로 두레박을 내려보내지. 물감을 길어 올리려고 말이야. 사람들 눈에는 잘 안 보이지만, 밤하늘을 자세히 보면 주렁주렁 아주 희미한 모양의 두레박이 내려와 있을 거야. 그 두레박으로 온갖 색깔의 물감이 천천히 고이거든. 그럼 그 물감으로 다시 마을을 색칠한단 말이야. 우린 매일매일 하루도 거르지 않고 수백 년, 수천 년 동안 그 일을 계속해왔어.

그런데 이 게으른 페인트공 좀 봐. 자기가 맡은 마을에서 더 이상 물감이 나지 않는다며 우리한테 꿔달라고 하잖아. 그 귀한 물감을 말이야. 솔직히 우리 페인트공들은 동료이면서 또 은근히 경쟁자이기도 하거든. 그래서 결국 그날 모임은 '어쩔 수 없다'는 말로 얼렁뚱땅 끝나고 말았어. 그리고 그 친구는 계속해서 '색깔 없는 마을'의 게으른 페인트공으로 지내게 됐지. 동료 페인트공들은 그 친구와 연락도 끊어버렸어. 물감을 꿔달라고 할까 봐.

이제부터 내가 들려줄 이야기는 바로 그 색깔 없는 마을에 관한 얘기야.

어느 날 게으른 페인트공이 여느 때처럼 드르렁드르렁 낮잠을 자고 있는데 누가 문을 벌컥 열고 들어오지 않겠어? 페인트공은 깜짝 놀랐지. 색깔 없는 마을에서 온 넝마주이가 떡하니 서 있었거든. 아무 색깔도 없는 희멀건 모습으로 말이야.

"여기가 어디라고 함부로 들어와! 도대체 어떻게 여길 찾았지?"

페인트공은 정말 기가 막혔어. 그도 그럴 것이 우리 페인트공들은 누구나 구름 속에 꼭꼭 숨어 지내거든. 집도 하얀색이라 쉽게 눈에 띄지 않는단 말이야.

"여길 찾느라 얼마나 고생한 줄 아시오? 두레박에 밧줄을 거는 데만 꼬박 일 년이 걸렸단 말이오."

넝마주이는 화가 아주 단단히 나 있었지.

"여길 찾아온 용건이 뭐야, 용건이."

"지금 당장 우리 마을을 색칠해주시오. 그게 당신이 하는 일이잖소? 마을에 색깔이 없어진 지 벌써 백 년째요. 내가 태어나기 훨씬 전부터 색깔이 없었단 말이오."

그러자 페인트공은 빈 두레박을 발로 툭툭 차며 설명하기 시작했어. 다른 페인트공들에게 했던 그대로 말이야.

"물감이 없는 걸 나더러 어떻게 하라고! 저 두레박을 좀 봐. 백 년 전부터 물감이 한 방울도 나지 않잖아. 나도 더 이상 어쩔 수 없어. 당신이 물감을 구해온다면 모를까."

넝마주이는 그제야 바닥에 굴러다니는 두레박을 보았지. 새똥이 덕지덕지 굳은 두레박, 깨진 두레박, 이끼 낀 두레박…… 모양은 저마다 달라도 하나같이 텅 비어 있었어.

"대체 왜 물감이 안 나는 거요?"

넝마주이는 풀 죽은 목소리였지.

"난들 아나? 백 년 전 어느 날부터 점점 줄어들더니 나중엔 그저 텅 빈 두레박들만 올라오더군. 마을에 무슨 저주가 내렸는지 원."

"난 못 믿겠소. 두레박을 다시 내려봐야겠소."

넝마주이는 빈 두레박을 하나하나 구름 아래로 내리기 시작했어. 페인트공이 아무리 소용없다고 소리쳐도 막무가내였지.

"물감만 구하면 다시 색을 칠해주는 거요, 알았소?"

그때부터 넝마주이는 페인트공이 사는 집 현관에 걸터앉아 하루 종일 두레박을 내리고 다시 올리기를 수도 없이 되풀이했지. 하지만 물감이 생길 턱이 있나.

페인트공은 저러다 말겠지 하며 다시 드르렁드르렁 낮잠만 잤어. 그런데 웬걸? 넝마주이도 보통내기가 아니었던 모양이야. 꼬박 일주일 동안 두레박을 길어 올리더니 마침내 물감을 구했거든.

"물감이다, 물감을 얻었어!"

페인트공은 자다가 벌떡 일어나 두레박을 들여다봤지. 그러고는 피식 웃으며 다시 침대에 벌렁 드러누워버렸어.

"그건 물감이 아니라 참새 똥이야."

"그래도 색깔이 있지 않소?"

"지금 나더러 새똥으로 색칠을 해달라는 거야?"

결국 넝마주이는 다시 두레박을 길어 올릴 수밖에 없었지. 그런데 한 사흘쯤 지났나? 이번엔 진짜 물감을 구했어. 물론 참새 오줌보다 훨씬 적은 양이었지만 그래도 빨강 물감이 분명했지. 물론 넝마주이는 그 색깔을 뭐라고 부르는지 알 수가 없었어.

"이 색깔을 뭐라고 부르는지 가르쳐주시오."

"어디 보자, 빨강이로군."

페인트공은 여전히 심드렁하기만 했어.

"그런 식으로 어느 세월에 물감을 길어 올려? 마을을 전부 색칠하려면 그 커다란 두레박에 물감이 가득 차야 돼. 지금 그 물감으로는 꽃잎 한 장도 못 칠할걸?"

넝마주이는 고개를 푹 숙인 채 두레박만 들여다보았어. 그 안엔 눈물 한 방울보다 적은 빨강 물감이 묻어 있었지. 그렇게 한참 서 있기만 하던 넝마주이가 품속에서 장미꽃 한 송이를 꺼내더니 페인트공에게 말했어.

"꽃잎 한 장이라도 색을 칠해주시오. 부탁이오."

장미꽃은 이미 시들다 못해 바삭바삭 말라 있었지. 게다가 색깔마저 없어서 그냥 휴지 조각처럼 보였어. 하지만 넝마주이의 표정은 너무도 간절했지. 페인트공은 그제야 넝마주이가 도대체 왜 이러는지 궁금해졌어.

"그 마을 사람들은 이제 아무도 색깔에 대해 궁금해 하지 않는데 왜 유독 당신만 이러는 거야?"

넝마주이는 바닥에 털썩 주저앉으며 자초지종을 늘어놓기 시작했어.

넝마주이는 날마다 색깔 없는 마을 구석구석을 돌아다니며 이것저것 닥치는 대로 줍는 게 일이었대. 워낙에 색깔이 없는 곳이라 쓸모 있는 것과 쓸모없는 것을 구분하기가 쉽지 않았을 거야.

그런데 어느 날 마을 변두리에 있는 쓰레기장을 뒤지다가 아주 희한한 걸 발견했어. 알록달록하게 색깔을 가진 물건이었지. 처음엔 자기 눈이 잘못된 줄 알았대. 왜냐하면 이 마을 사람들은 색깔이란 게 뭔지조차 몰랐거든.

사실 넝마주이가 발견한 건 아주 낡고 오래된, 이제는 너덜너덜해지다 못해 정말 쓰레기가 돼버린 옛날 그림책이었어. 워낙 오래돼서 글씨도 안 보이고 그림도 희미했지만, 그래도 아직 색깔이란 게 남아 있었던 모양이야. 넝마주이는 그 너덜너덜한 그림책을 품에 안고는 곧장 집으로 달려갔어. 집에는 시름 많은 아내와 병약한 아들이 살고 있었지.

"얘야, 아빠가 뭘 주워 왔는지 볼래?"

넝마주이는 침대에 누워 있는 아들에게 그림책을 보여줬어. 한 장, 한 장 천천히 넘기면서 말이야. 글씨도 지워지고 그림도 아주 희미했지만 아들 눈에는 그저 신기하기만 했지. 녀석은 작고 하얀 손으로 그 너덜너덜한 그림책을 천천히 매만졌어. 마치 세상에서 가장 귀한 보물이라도 되는 것처럼 말이야.

그날부터 넝마주이의 아들은 하루 온종일 그림책만 안고 살았지. 하루에 한 장씩 뚫어지게 들여다보며 온갖 상상을 다 해보는 거야. 그렇게 마지막 장까지 넘기고

나면 뒤에서부터 다시 한 장씩, 한 장씩 넘기면서 말이야.

그런데 참 신기한 일이 벌어지기 시작했어. 언제부터인가 아들의 눈망울에 생기가 도는가 싶더니 조금씩 기운이 살아나는 거야. 말수도 점점 늘어서 이것저것 묻기도 했지. 그 작은 변화가 넝마주이 부부에게 얼마나 큰 기쁨을 가져다줬는지 몰라.

넝마주이는 다시 쓰레기장으로 달려갔어. 그리고 하루 종일 쓰레기 더미를 뒤졌지. 또 다른 그림책이나 아니면 꼭 그림책이 아니더라도 색깔을 지닌 물건들을 찾기 시작한 거야. 마치 신비의 명약을 찾는 심정으로 말이야. 하지만 더 이상 아무것도 나오지 않았어. 몇 달 동안 쓰레기장을 온통 파헤쳐봤지만 소용없었지.

넝마주이는 쓰레기장에 털썩 주저앉아 원망스럽다는 듯이 하늘만 쳐다봤어. 그런데 그때 하늘 저편, 산꼭대기 바로 위에 뭔가 희미한 게 대롱대롱 매달려 있지 않겠어? 바로 누레박이었지. 게으른 페인트공이 미처 거둬들이지 못한 두레박이었어.

넝마주이는 뭐에 홀린 듯 산꼭대기로 올라갔어. 처음엔 그게 도대체 뭔지 몰랐겠지. 늙은 산지기 영감이 오기 전까지는 말이야. 산지기 영감은 마을에서 제일 나이 많은 노인답게 아는 것도 참 많았지. 산지기는 넝마주이한테 두레박의 비밀에 대해서 알려줬어. 뿐만 아니라 색깔이 뭔지, 페인트공들이 뭐하는 작자들인지에 대해서도 다 알려줬지.

그래, 그렇게 된 거야. 넝마주이는 산꼭대기에서 몇 날 며칠 동안 맴돌다가 마침내 게으른 페인트공을 만나보기로 마음먹었지. 밧줄을 던져 두레박에 건 다음, 다시 그 두레박줄을 타고 구름 위로 올라가기까지 얼마나 고생했는지 몰라. 아무튼 넝마주이는 기나긴 고생 끝에 결국 성공했어. 아무렴, 성공했으니까 게으른 페인트공을 만났겠지.

"제발 이 장미꽃 한 잎만이라도 색칠해주시오."

넝마주이는 계속 페인트공을 졸랐어.

"그걸로 뭐하게?"

넝마주이는 더 많은 색깔을 보면 병약한 아들이 건강해질 거라고 믿었지. 또 언젠가는 다른 아이들처럼 밖에 나가 노는 모습을 꼭 보고 싶다고 했어. 그런데 그때 아들이 놀게 될 세상이 지금처럼 아무 색깔도 없는 곳이라면 어쩌나 하는 생각이 들었던 거지. 그래서 어떡하든 마을에 색깔을 입히고 싶었던 거야. 물론 이제는 불가능한 일이 돼버렸지만 말이야.

"마을 전체를 칠할 수 없다면 내 아들만이라도 색깔을 볼 수 있게 해주고 싶소."

넝마주이가 이렇게까지 말했는데도 게으른 페인트공은 여전히 꿈쩍도 하지 않았어.

"정 그렇다면 직접 칠하든지. 난 그런 허드렛일 따위는 하고 싶지 않아."

결국 넝마주이는 오랫동안 쓰지 않아 딱딱하게 굳어버린 붓을 찾아냈지. 그러고는 참새 오줌만큼 있는 물감을 꾹 찍어서 마른 장미에 칠하기 시작했어. 다행히 꽃잎 한 장이 아니라 한 송이를 다 칠할 수 있었지. 물을 많이 섞은 탓에 색깔이 분홍색으로 옅어지긴 했지만 그래도 참 예뻤어.

"아무튼 고맙소, 정말 고맙소."

넝마주이는 페인트공에게 넙죽 인사를 한 다음 다시 두레박줄을 타고 마을로 내려갔지. 그러고는 곧장 집을 향해 달려갔어. 품속에 분홍 장미를 꼭 품은 채로 말이야.

한데 산기슭에 이르렀을 때 웬 움막집이 하나 보이지 않겠어? 늙은 산지기가 사는 곳이었지. 넝마주이는 그 집에 잠깐 들르기로 했어. 고맙다는 인사 정도는 해야 할 것 같아서 말이야.

거적때기를 걷고 움막 안으로 쓱 들어서는데 웬걸, 그 건강하던 산지기가 콜록콜록 앓아누워 있지 뭐야.

"아니, 갑자기 어디가 아프세요?"

"이상한 것도 없지. 너무 오래 살았거든."

산지기 영감은 언제든 떠날 준비가 돼 있다고 말했어. 천국이든 지옥이든 색깔 있는 곳으로 떠나고 싶다고 말이야. 하지만 죽기 전에 꼭 한 번만이라도 이승에서 마지막 색깔을 보고 싶다는 말도 덧붙였지. 그러고는 다시 스르르 잠이 들었어.

넝마주이는 좀처럼 움막을 떠나지 못했지. 마음이 아주 혼란스러웠거든. 잠든 산지기 영감 곁에서 한참 고민하던 넝마주이는 마침내 품속에서 분홍 장미를 꺼냈어.

'괜찮아. 그래도 내 아들은 그림책을 갖고 있으니까.'

그러고는 산지기 영감 머리맡에 분홍 장미를 살짝 내려놓은 다음에야 비로소 움막을 떠날 수 있었지.

그래, 넝마주이는 빈손으로 집에 도착했어. 방 안에는 여전히 아들 녀석이 누워 있었겠지. 낡은 그림책을 껴안은 채 말이야.

"여보, 성공했어요?"

아내의 질문에 어떻게 대답해야 할지 참 난감했을 거야. 하지만 넝마주이는 솔직한 성격이라 결국 자초지종을 다 얘기했어. 그랬더니 아내가 하는 말이, "잘했어요. 우리한테 소중한 거라면 다른 사람한테도 소중할 테니까요." 이러는 거야. 그 남편에 그 아내인 셈이지 뭐.

"내일 다시 페인트공을 찾아갈 생각이야."

다음 날 넝마주이는 아침 일찍 집을 나섰어. 털모자와 털장갑을 챙겨 들고 말이야. 예전에 아내가 짜준 건데 여기다 색깔을 입혀서 아들에게 줄 생각이었지.

"이제 아주 제집 드나들듯이 하는군. 이번엔 왜 왔어?"

페인트공은 넝마주이를 보자마자 툴툴거렸어.

"이 털모자, 털장갑을 예쁘게 색칠할 생각이오."

"전에 그 장미는 어떻게 하고?"

넝마주이는 대답이 없었어. 그러고는 마치 자기 일인 양 두레박을 구름 아래로 하나하나 내리더니 물감이 고이기만 기다리는 거야. 페인트공은 그런 넝마주이를 물끄러미 바라보기만 했어.

'하긴, 장미 하나 갖고는 성에 차지 않겠지. 그나저나 털모자와 털장갑을 색칠하려면 지난번보다 훨씬 더 많은 물감이 필요할 텐데 어느 세월에 그걸 다 채운담?'

두레박에 물감이 고이기까지 꼬박 보름이 걸렸어. 그나마도 아주 적은 양이었지. 하지만 잘하면 털모자와 털장갑을 노랗게 물들일 수 있을 것 같았어. 넝마주이는 그 노란 물감으로 정성스럽게 색칠을 했지. 다 해놓고 보니까 개나리처럼 샛노란 게 얼마나 예쁜지 몰라.

"아무튼 고맙소, 정말 고맙소."

넝마주이는 페인트공에게 인사한 다음 곧장 마을로 내려갔어. 그러고는 털모자와 털장갑을 품에 안고 집으로 달려갔지. 그렇게 한참 달려가는데 웬 아낙네가 아기를 업은 채 들판에 서 있는 거야. 찬바람이 쌩쌩 부는데 왜 저러고 있을까? 궁금하긴 했지만 걸음을 멈추진 않았어. 그런데 자꾸 걸음이 느려지는 거야. 결국 넝마주이는 그 아낙네한테 다가갔어.

"이 추운 데서 누굴 기다리는 게요?"

그러자 아낙네는 칭얼거리는 아기를 달래며 이렇게 대답했지.

"아이 아빠가 약을 구하러 멀리 떠났어요. 돌아올 때가 됐는데 여태 안 돌아와서 이렇게 나와 있는 거예요. 집에 있으면 애가 자꾸 울고 보채거든요."

"누가 아픈 모양이죠?"

"집에 큰애가 누워 있어요."

넝마주이는 아낙네와 아기에게서 눈을 뗄 수가 없었지. 바람이 어찌나 찬지 코가 빨개져 있었어. 아, 빨개졌다는 얘기는 순전히 내 상상이야. 만일 이 마을에 색깔이 있었다면 그랬을 거란 얘기지.

어쨌거나 넝마주이는 또 갈등하기 시작했어. 못 본 척하기가 너무 힘들었거든. 게다가 집에 큰애가 아파 누워 있다잖아. 자기 아들처럼 말이야.

'괜찮아, 그래도 내 아들은 그림책을 갖고 있으니까.'

결국 넝마주이는 품속에서 노란 털모자와 털장갑을 꺼냈어. 그러고는 아기 머리에 털모자를 씌워주고 아낙네에겐 털장갑을 주었지. 난생처음 노란 모자, 노란 장갑을 본 아낙네가 얼마나 놀랐을지는 상상에 맡길게.

그래, 넝마주이는 이번에도 빈손으로 돌아갈 수밖에 없었어. 하지만 아내는 괜찮다며 또 이렇게 말했지.

"잘했어요. 우리한테 소중한 거라면 다른 사람한테도 소중할 테니까요."

자, 이제 이야기가 어떤 식으로 흘러갈지 짐작이 가지 않아? 맞아, 넝마주이는 쉬지 않고 페인트공을 찾아갔어. 화분이나 주전자, 손수건, 신발 따위를 들고 말이야. 그리고 어렵사리 물감을 구해서 겨우겨우 색칠을 하고 나면 매번 엉뚱한 사람들에게 나눠주곤 했지. 정말 어쩔 수가 없었어. 이야기를 들어보면 모두 다 사정이 참 딱했거든. 그러다 보니 정작 아들한테는 색깔을 보여줄 수가 없었지. 언제나 '이번 만큼은 정말로, 정말로 아들한테 갖다줘야지' 하면서도 그게 잘 안 되는 거야.

넝마주이한테서 색깔 있는 물건을 선물 받은 사람들은 또 어땠을까? 참 신기하고 행복했을 거야. 물론 다음 날이면 다시 색이 사라지긴 했지만 그래도 하루만큼은 아주 기쁜 마음으로 살 수 있었지.

하지만 언제까지나 이렇게 다른 사람들한테만 나눠줄 순 없잖아. 게다가 이제 곧 있으면 아들의 열 번째 생일인데 말이야. 넝마주이는 아들한테 아주 특별한 선물을 주고 싶었어. 자기가 직접 마을 풍경을 그려줄 생각이었지. 그림 솜씨는 별로지만 그래도 갖가지 색깔을 넣어서 풍경화를 그리고 싶었던 거야.

"쳇, 허황된 꿈을 꾸는군. 아무리 작은 종이에 그린다 해도 여러 가지 물감이 꽤 많이 필요할 텐데 그 물감을 어떻게 구해?"

페인트공은 대놓고 놀려댔지. 그런데 아들 생일을 한 달 앞두고 넝마주이한테 큰일이 생기고 말았어. 두레박줄을 타고 내려오다가 뚝 떨어지는 바람에 그만 다리가 부러졌지 뭐야.

그래도 그만하기를 다행이야, 조금만 더 높은 데서 떨어졌다면 살 수 없었을 테니까.

그날부터 넝마주이는 아들 곁에 나란히 누워서 지내야만 했어. 하지만 부러진 다리보다 마음이 더 아팠지. 아들한테 선물을 해줄 수 없게 됐으니까 말이야.

"아빠, 전 괜찮아요. 저한텐 이 그림책이 있잖아요."

아들은 오히려 아빠를 위로했지. 넝마주이는 아들이 참 기특하게 느껴졌어. 늘 병상에 누워 지내던 녀석이 어느새 아빠를 걱정할 만큼 마음이 자란 거잖아. 하지만 마음 한구석은 여전히 안쓰럽기 짝이 없었지.

'이 녀석이 살아갈 세상은 온갖 색이 넘치고 넘쳐야 할 텐데.'

넝마주이는 일부러 잠을 많이 잤어. 잠잘 때마다 꿈을 꿨는데 글쎄 꿈속 세상은 온통 빨주노초파남보, 화려한 색깔들로 환하게 빛났거든. 잠에서 깨기가 싫을 정도였지. 그렇게 하루 이틀 시간이 흘러 아들 생일이 코앞으로 다가온 거야.

뻔질나게 찾아오던 넝마주이가 한동안 나타나지 않자 페인트공은 슬슬 궁금해지기 시작했어. 올 때마다 귀찮아서 짜증을 내곤 했지만, 막상 안 보이니까 오히려 기다려졌지 뭐야.

집 안은 말끔했어. 넝마주이가 깨끗하게 치워놓고 갔거든. 아닌 게 아니라 넝마주이 덕분에 두레박이며 붓, 물통 같은 것들이 깨끗하게 정리되어 있었지. 페인트공은 현관에 걸터앉아 두레박을 길어 올리는 넝마주이의 뒷모습이 살짝 그립기조차 했어.

어느 날 페인트공은 오랜만에 두레박줄을 타고 구름 아래 세상으로 내려가봤어. 참 오랜만에 마을을 둘러보기로 한 거야.

아니 그런데 이게 무슨 일이래? 땅에 내려오자마자 기다렸다는 듯이 사람들이 몰려들지 않겠어?

"이보시오, 우리도 올라가보고 싶소. 물감을 얻어서 색을 칠하고 싶단 말이오."

산지기 영감이 페인트공에게 말했어. 옆에는 아기를 업은 아낙네와 큰아이, 남편, 그리고 그동안 넝마주이한테서 색깔 있는 물건을 선물 받은 사람들이 서 있었지. 그 사람들이 하는 이야기를 듣고 나서야 페인트공은 그동안 넝마주이가 왜 그렇게 자주 찾아왔는지, 또 왜 그렇게 여러 가지 물건들을 색칠해 갔는지 알 수 있었어.

'자기 아들이 아니라 다른 사람들한테 다 나눠줬군.'

페인트공은 사람들에게 넝마주이의 집이 어디냐고 물었어. 그러고는 그 길로 곧장 넝마주이를 찾아갔지. 하지만 집 안으로 들어가진 않았던 모양이야. 대신 창밖에 서서 넝마주이와 아들이 나누는 이야기를 엿들었지. 넝마주이는 아들에게 꿈에서 본 아름다운 세상에 대해서 얘기하고 있었어. 색깔의 이름을 하나하나 가르쳐주면서 말이야.

"하늘은 바다하고 참 비슷한 색을 가졌단다. 파란색이었다가 초록색으로 변하기도 하고 또 해가 뜨거나 질 때는 아주 붉고 노란 빛을 띠지."

페인트공은 넝마주이의 이야기를 들으며 끼미득히 오래전에 질했던 쑤른 바다와 하늘, 그리고 아름다운 노을을 떠올렸어. 그래, 그땐 참 아름다웠지. 밤새 자기가 직접 칠한 세상을 낮 동안 흐뭇하게 바라보던 일들이 새삼 그립기도 했을 거야. 페인트공은 넝마주이의 집 창밖에 아주 한참 동안 서 있었어.

게으른 페인트공이 들려준 이야기는 여기까지야. 그 친구는 내게 이 이야기를 다 들려주고는 다짜고짜 물감 좀 꿔달라고 했지. 양 어깨엔 두레박을 주렁주렁 매달고 있었는데 가만 보니 가지가지 물감들이 꽤 담겨 있었어. 그동안 다른 페인트공들을 일일이 찾아다니며 똑같은 이야기를 수도 없이 들려주면서 그때마다 물감을 조금씩, 조금씩 얻어 왔다는 얘기지. 그러니 나만 빠질 수야 있나. 마침 빨강, 파랑, 노랑 물감이 약간 남아 있어서 그걸 다 빌려줬지 뭐. 물감이 왜 필요한지는 물어볼 필요도 없었어.

게으른 페인트공은 물감이 가득 든 두레박을 짊어지고 서둘러 돌아갔어.

자, 이제 이야기를 마칠 때가 됐군. 마지막 장면은 넝마주이의 집에서부터 시작하는 게 좋을 것 같아.

다음 날 넝마주이가 잠에서 깼을 때 아들 녀석이 보이지 않았어. 넝마주이는 깜짝 놀라 아들을 외쳐 불렀지. 그러자 아들 목소리가 집 밖에서 들려오지 않겠어?

'아니, 이 녀석이 바깥에 나갔단 말이야?'

넝마주이는 목발을 짚고 절뚝거리며 문까지 걸어갔어. 그리고 살며시 문을 열어봤지. 문밖에 서 있던 아내와 아들이 동시에 고개를 돌리는 순간, 넝마주이는 자기 눈을 의심하지 않을 수가 없었어. 아내의 갈색 머리카락과 아들의 까만 눈동자가 먼저 들어왔거든. 그리고 그 뒤로는 초록 숲과 파란 하늘, 그리고 황금빛 햇살이 빛나고 있었어. 온 마을이 자기 색깔을 뽐내고 있었던 거야. 꿈에서 본 것보다 훨씬 아름다운 세상이었어. 넝마주이는 아들에게 말했어.

"애야, 열 번째 생일을 축하한다."

넝마주이는 아내와 아들의 손을 꼭 쥔 채 마을 풍경을 감상했어. 눈부시게 아름다운 세상을 말이야. 넝마주이 가족뿐만이 아니었어. 그날 하루 동안 온 마을 사람들이 밖으로 나와 빛나는 색의 향연을 즐겼지. 그날만큼은 어른 아이 할 것 없이 모두들 처음 태어난 기분이었을 거야.

해가 질 무렵, 넝마주이는 꿈같은 하루가 끝나는 게 너무 아쉬웠지. 게으른 페인트공이 어떻게 마을을 칠했는지는 몰라도 내일이면 다시 색깔이 사라질 테니까 말이야.

하지만 그런 걱정은 할 필요가 없었어. 왜냐하면 넝마주이 가족이 노을을 감상하고 있을 즈음 구름 위에 있는 페인트공 집에서 아주 놀라운 일이 벌어지고 있었거든. 글쎄 페인트공이 두레박을 길어 올릴 때마다 물감이 철철 넘칠 만큼 담겨 있는 거야. 페인트공은 그 물감들을 바라보며 이렇게 중얼거렸어.

"아이고, 이제 게으름뱅이 노릇도 끝이로구나!"

다음 날, 또 그다음 날도 두레박은 물감으로 가득 찼어. 다른 페인트공들에게 빌린 물감을 다 갚고도 남을 정도였지.

난 지금도 궁금해. 백 년 동안 텅 비어 있던 두레박이 왜 갑자기 물감으로 가득 차게 됐는지 말이야. 아니, 그보다 먼저 물감이 어떻게 생겨나는지부터 물어봐야겠지. 하지만 그건 아무도 몰라. 아주 오래전에 어떤 늙은 페인트공이 이런 말을 한 적은 있어.

"우리가 칠하는 물감은 그냥 물감이 아닐세. 그건 사람들의 마음에서 저절로 묻어나온 마음 물감이야, 마음 물감."

글쎄, 그 말이 맞는 건지 틀린 건지는 나도 잘 모르겠어. 하지만 그렇게 믿는 편이 나을 것 같아. 도대체 마음을 어떻게 먹어야 물감이 생기는 건지는 사람들이 풀어야 할 숙제겠지만 말이야.

하늘의 페인트공

세상을 알록달록 예쁘게 색칠해주는 페인트공이 있었어요.

낮에는 구름 속에서 잠을 자다가 밤이 되면 일을 시작하죠.

구름 위에서 두레박으로 마음 물감을 길어 올린 다음,

사람들이 모두 꿈나라에 가 있는 동안 밤새도록 세상을 색칠해요.

빨간 꽃, 노란 꽃, 푸른 잔디, 초록 숲……

그래서 날이 밝으면 세상이 온갖 색으로 아름답게 빛나는 거예요.

어, 그런데 이 마을은 색깔이 없네요?

어째서 색깔이 없을까요? 혹시 페인트공이 너무 게을러서일까요?

아니에요, 사실은 물감이 없기 때문이에요.

언제부터인가 마음 물감이 점점 줄어들더니

나중엔 텅 빈 두레박만 올라왔거든요.

페인트공은 할 일이 없어서 날마다 빈둥빈둥 놀기만 했어요.

어느 날 색깔 없는 마을에 사는 넝마주이가 페인트공을 찾아왔어요.

그러고는 자기가 직접 물감을 구해보겠다며 구름 아래로 두레박을 내렸죠.

그렇게 꼬박 열흘을 기다렸지만 겨우 빨강 물감 한두 방울밖에 못 구했어요.

넝마주이는 품속에서 시든 장미꽃 한 송이를 꺼냈어요.

색깔도 없이 바싹 말라붙은 초라한 장미였죠.

넝마주이는 겨우 구한 빨강 물감 한두 방울로 가져온 장미꽃을 칠한 다음,

장미꽃을 가슴에 꼭 품고 돌아갔어요.

페인트공은 넝마주이가 어떤 사람인지 궁금해지기 시작했어요.

넝마주이에겐 어린 아들이 하나 있었어요.

아들은 몸이 너무 약해서 늘 침대에 누워 지냈어요.

그런데 하루는 넝마주이가 쓰레기장을 뒤지다가

아주 낡은 그림책 하나를 주웠어요.

빛바랜 그림책이지만 희미하게 색깔이 남아 있었죠.

넝마주이는 그림책을 아들에게 갖다 주었어요.

아들은 그림책을 정말 좋아했어요.

게다가 그림책을 보면 볼수록 점점 밝아지는 거예요.

'그래, 이 아이가 건강해지려면 색깔을 되찾아야 해.'

넝마주이는 그때부터 색깔 있는 물건을 찾아다니기 시작했죠.

그러다가 페인트공이 사는 곳까지 오게 된 거예요.

넝마주이는 장미를 가슴에 품고 집으로 달려갔어요.

빨간 장미꽃을 받아들며 활짝 웃는 아들의 모습이 눈에 선했죠.

그런데 넝마주이가 산기슭 움막집에 이르렀을 때

앓아누운 산지기 영감을 만나게 됐어요.

산지기 영감은 죽기 전에 꼭 한 번만이라도 색깔 있는 것을 보고 싶다고 했죠.

넝마주이는 한참 망설이다 품속에서 빨간 장미를 꺼내

산지기 영감에게 주었어요.

'괜찮아, 그래도 내 아들은 그림책을 갖고 있으니까.'

결국 넝마주이는 빈손으로 돌아갔어요.

다음 날 넝마주이는 색깔 없는 털모자와 털장갑을 들고

페인트공을 찾아갔어요.

그러고는 꼬박 보름 만에 노랑 물감 여섯 방울을 길어 올렸어요.

넝마주이는 털모자와 털장갑을 샛노랗게 칠한 다음 품에 꼭 안고 돌아갔죠.

그런데 찬바람 부는 들판에 웬 아낙네가 서 있지 않겠어요?

어린 아기를 업은 채 덜덜 떨면서 말이에요.

알고 보니 멀리 약을 구하러 간 남편을 기다리는 거래요.

넝마주이는 또 망설이다가 아기 머리에 노란 털모자를 씌워주고,

아낙네에겐 노란 털장갑을 주었어요.

'괜찮아, 그래도 내 아들은 그림책을 갖고 있으니까.'

그러고는 또 빈손으로 돌아갔죠.

넝마주이는 계속해서 페인트공을 찾아갔어요.

화분이나 주전자, 손수건, 신발 따위를 들고 말이에요.

하지만 어렵사리 물감을 구해 색칠하고 나면

늘 엉뚱한 사람들에게 나눠주곤 했죠.

넝마주이는 아들의 열 번째 생일 때는 꼭 선물을 주고 싶었어요.

자기가 직접 마을 풍경화를 그려서 갖다 줄 생각이었죠.

하지만 아들의 생일을 한 달 앞두고 그만 다리를 다치고 말았어요.

넝마주이는 다리보다 마음이 더 아팠어요.

이제 아들한테 선물을 줄 수 없게 됐으니까요.

넝마주이는 아들 옆에 나란히 누워 도란도란 이야기를 나눴어요.

꿈에서 본 아름다운 세상에 대한 이야기였죠.

넝마주이는 매일매일 속으로 빌고 또 빌었어요.

아이들이 아름다운 색으로 빛나는 세상에서 살게 해달라고 말이에요.

어느덧 아들의 열 번째 생일이 밝았어요.

"아빠, 빨리 나와 보세요, 빨리요!"

넝마주이는 아들의 목소리에 깜짝 놀라 밖으로 나가봤어요.

문을 여는 순간 넝마주이는 마치 꿈을 꾸는 것만 같았어요.

마을이 온통 아름다운 색깔로 빛나고 있었거든요.

초록 숲과 파란 하늘, 그리고 황금빛 햇살…….

온 마을이 자기 색깔을 뽐내고 있었어요.

하얀 구름 위에서는 페인트공이 두레박을 길어 올리느라 정신이 없었어요.

웬일인지 어제부터 두레박에 물감이 가득 차기 시작했거든요.

어째서 물감이 다시 차기 시작했는지 통 알 수가 없었죠.

분명한 건 이제 길고 길었던 페인트공의 휴식이 끝났다는 거예요.

아빠의 생각보따리

"늘 아름답게 빛나는 아이로 자라렴."

아가야, 세상은 누구에게나 똑같아 보이지만 사실은 그렇지 않아.

마음이 어둡고 우울한 사람의 눈에는 온 세상이 우중충해 보이고,

늘 밝은 마음으로 사는 사람의 눈에는 세상도 환하게 빛나거든.

세상을 어떤 색깔로 칠할지는 오로지 사람들 마음에 달렸단다.

만약에 오늘 하루 동안 세상이 어둡다고 해서

내일도 그럴 거라 믿는다면 마음 물감이 점점 사라지겠지?

넝마주이가 사는 마을도 그렇게 점점 마음 물감이 말라서

색깔이 사라지게 된 거야.

하지만 넝마주이 아빠와 아들이 새로운 세상을 꿈꾸면서

마음 물감이 다시 생겨났어.

그래서 그 물감으로 마을을 다시

예쁘게 칠할 수 있었단다.

아빠는 지금 색색의 마음 물감을 한 가득 채워놨단다.

우리가 함께 살아갈 세상을 아주 멋지게 색칠하려고 말이야.

아빤 지금도 보여.

늘 아름답게, 자기 색깔로 환하게 빛나는 너의 모습이.

왕비와 거울

왕비와 거울

거울은 긴 세월을 살았다. 사람의 말을 알아듣기에도 충분할 만큼의 시간이었다. 그러나 설령 말은 할 수 있어도 자기 생각을 드러내서는 안 된다는 것이 거울족의 오랜 계율이었다.

"생각은 거울 앞에 선 자의 몫이며, 거울은 단지 그들을 있는 그대로 비춰줄 뿐이다."

어느 날 거울은 계율을 어기고 말았다. 이 일로 인해 거울은 무서운 아픔을 겪어야 했고, 끝내 산산이 부서지고 말았다. 지금도 이 사건은 세상의 모든 거울족에게 비극으로 전해지고 있지만, 그것만이 전부는 아니었다.

◆◆

시골 영주의 성에서 무도회가 열리던 날, 수많은 여인들이 번갈아 거울 앞에 섰다. 그녀들은 한결같이 상대방의 미모를 치켜세우다가도 방을 나갈 때면 슬쩍 거울 앞으로 다가와 거울에 비치는 제 모습에 만족스러운 듯 미소 짓곤 했다.

적막해진 방 안에는 초라한 하녀만이 혼자 남아 바닥을 쓸고 닦았다. 성 안의 그 누구도 말을 거는 법이 없었기에 하녀는 자신의 목소리조차 기억하지 못했다. 무도회는 며칠 동안 계속되었다.

어느 날 하녀가 거울 앞으로 다가왔다. 한바탕 미모를 뽐내던 여인들이 썰물처럼 빠져나간 뒤였다. 하녀는 오랫동안 땀을 흘리며 거울을 닦았다. 거울은 뭇 여인들에게 그랬듯이 하녀의 모습을 있는 그대로 비춰주었다. 땀과 먼지로 범벅이 된 머리카락, 재가 묻어 검게 얼룩진 얼굴, 외롭고 슬픈 눈동자⋯⋯. 거울이 하녀의 목소리를 들은 것은 그때가 처음이었다.

"거울아."

하녀의 눈은 늘 그렇듯 촉촉이 젖어 있었다.

"거울아, 나도 예쁘니?"

열어놓은 창문으로 바람이 불어와 하녀의 머리칼이 나부꼈다. 거울은 자기 앞에 서 있는 하녀의 모습을 있는 그대로 보여주었다. 하녀는 거울에서 시선을 떼지 않았다. 그녀는 거울 속의 자신을 보고 있지 않았다. 그녀의 시선은 거울 너머 그 무엇을 보고 있었다. 그 시선이 마음에 와 닿는 순간, 거울은 자기도 모르게 입을 열고 말았다.

"예뻐요."

거울은 자기 안의 깊고 어두운 곳에서 쨍, 하는 소리와 함께 찌릿한 아픔이 전

해져 오는 것을 느꼈다. 그것은 거울족이 보내온 일종의 경고음이었다. 하지만 거울은 경고를 무시했다.

'사실대로 말했을 뿐이야. 난 떳떳해.'

땀과 먼지로 범벅이 된 머리카락, 재가 묻어 검게 얼룩진 얼굴에도 불구하고 하녀는 충분히 예뻤다. 드레스나 화장 같은 겉치장과 상관없이 거울은 자기 앞에 서 있는 하녀의 모습 그대로를 말했을 뿐이다. 하지만 그날 이후로 하녀의 자태가 변하기 시작했다.

아주 오래전, 거울족의 누군가가 해묵은 질문을 꺼낸 적이 있었다.

"사람들은 보이는 것을 믿는가, 아니면 믿는 것을 보는가?"

많은 의견들이 오갔지만 결론은 쉽게 나오지 않았다.

"사람들은 보는 대로 믿고, 믿는 대로 본다."

거울은 하녀를 통해 비로소 이 말을 이해하기 시작했다. 자신이 예쁘다는 사실을 믿기 시작한 순간부터 하녀는 그 믿음에 맞춰 변해갔다. 그녀는 누구보다 일찍 일어나 샘터에서 물을 길어 머리를 감았다. 하루의 첫 이슬은 언제나 그녀의 차지였다. 이슬을 머금은 그녀의 얼굴은 빛이 났다. 별을 비추던 샘물도 그녀의 머리칼에 스며들어 하루 종일 반짝였다. 하루에 한 번씩 하녀는 거울 앞에 서서 똑같은 질문을 던졌다.

"거울아, 거울아! 누가 제일 아름답니?"

"제 앞에 서 있는 당신이 가장 아름다워요."

있는 그대로의 하녀도 충분히 아름다웠지만, 자신감을 가지기 시작한 하녀는 더더욱 아름다웠다. 그녀는 거울에 비친 자신의 아름다움을 믿었고, 또 믿는 그대로를 보았다. 미의 선순환이 이루어지고 있었다.

어느 날, 이웃 나라의 왕과 기사들이 황제를 알현하고 돌아가는 길에 성에서 며칠을 묵게 되었다. 만찬이 무르익어갈 즈음, 시중을 들던 하녀의 자태가 왕의 눈길을 사로잡았다. 왕의 시선을 눈치챈 하녀는 자신의 외모가 어쩌면 운명을 바꿔줄지도 모른다는 사실을 직감했다. 그녀는 아무도 모르게 왕에게 미소를 지어 보였다. 만찬이 끝났을 때 왕의 마음은 이미 하녀의 것이 되어 있었다. 그날 밤 왕과 시골 영주는 많은 대화를 주고받았다. 그리고 그 대화 끝에 시골 영주는 금은보화를 얻었고, 왕은 하녀를 얻었다.

성을 떠나던 날, 하녀는 오랫동안 모셨던 영주에게 하직 인사를 올렸다. 영주는 뜻하지 않은 이익을 안겨준 하녀에게 비단을 선물하려 했다.

"귀한 비단은 아껴두소서. 다만 저는 저 낡은 거울 하나면 족하옵니다."

성에는 수많은 거울이 있었기에 영주는 오래된 거울을 선뜻 내주었다. 이로써 거울은 하녀와 더불어 새로운 삶을 살게 되었다.

◆◆

이웃 나라 시골 영주의 성에서 허드렛일을 하던 하녀를 왕비로 맞이한다는 소문이 퍼지자 백성들은 웅성거리기 시작했다. 기사와 신하들은 왕에게 반대의 뜻을 올렸다. 오직 한 사람, 어린 공주만이 부왕의 재혼을 기뻐했다. 오랫동안 엄마 없이 자란 공주였다. 제 어미인 양 하녀의 품에 안긴 공주를 바라보던 왕은 대신들에게 혼례를 준비하라고 명령했다. 결혼식 전날 밤, 하녀는 화려한 드레스 차림으로 거울 앞에 섰다.

"거울아, 거울아! 누가 제일 아름답지?"

거울은 수백 년 동안 자기 앞에 섰던 수천, 수만의 남녀노소를 모두 기억하고 있었지만, 지금 이 순간 하녀의 껍질을 벗고 왕비로 다시 태어나게 될 여인만큼 아름다운 사람은 본 적이 없었다.

"제 앞에 서 계신 왕비님이 가장 아름답습니다."

거울은 자랑스러웠다. 단지 외모를 비춰주기만 하는 역할을 넘어 한 사람의 운명을 바꿔놓지 않았는가.

결혼식 날 마침내 새 왕비가 모습을 드러내자 하객들은 열광하기 시작했다. 신부가 한 걸음, 한 걸음 걸을 때마다 사람들은 그녀가 일개 하녀였다는 사실을 빠르게 잊어갔다. 왕의 재혼을 거세게 반대하던 무리들조차 새 왕비의 황홀한 자태에 넋을 잃고 말았다. 하녀는 그렇게 왕비가 되었다.

◆◆

왕비가 된 그녀의 다음 목표는 '끝없이 아름다워지는 것'이었다. 왕과 신하, 그리고 백성들 역시 왕비가 더욱 아름다워지기를 원했다. 만일 왕비의 미모가 국력의 척도였다면 이 나라는 그 누구도 넘볼 수 없는 강대국이 되었을 것이다.

그러나 이 작은 왕국은 연일 국경에서 벌어지는 크고 작은 전투로 골머리를 앓고 있었다. 새 왕비를 맞이한 지 석 달도 채 못 되어 왕은 다시 군대를 이끌고 전장으

로 향해야 했다.

　왕이 자리를 비운 동안 왕비는 자신의 권력을 '아름다워지는 일'에 쏟아부었다. 화려한 옷과 장식품들이 날마다 궁 안으로 실려 왔다. 머리를 다듬는 시녀와 손톱을 다듬는 시녀, 마사지하는 시녀가 따로 있어 왕비가 행차를 할 때마다 수많은 행렬이 뒤를 이었다. 오랜 전쟁에 지친 백성들도 아름다운 왕비의 모습에서 희망을 보고 싶어 했다.

　왕국은 새 왕비를 얻었지만, 어린 공주는 새엄마를 얻지 못했다. 왕비는 엄마가 되는 방법을 알지 못했고, 또 그럴 마음도 없었다. 모정이 깃들기에는 지나치게 아름다운 외모였기에 왕비는 엄마가 되는 것과 아름다워지는 것이 전혀 별개의 일이라고 생각했다.

　공주가 홀로 인형들과 이야기를 나누는 동안 왕비는 날마다 귀부인들을 초대하여 연회를 베풀었다. 연회는 왕비의 미모를 추앙하는 자리였다. 자기와 놀아주던 시녀들마저 이제 왕비의 손발이 된 탓에 공주는 깨어 있는 모든 시간을 혼자서 보내야 했다. 놀이 상대를 찾아 이 방 저 방 기웃거리던 공주는 어느 날 들어가지 말아야 할 방문을 열고 말았다. 그리고 그 방에서 오래된 거울과 마주쳤다.

　공주가 거울을 들여다보는 동안 거울도 공주를 한참 바라보았다. 유난히 하얀 피부에 작고 평범한 얼굴을 가진 소녀였다. 수백 년 동안 수천, 수만의 사람들이 그랬듯이 이 작은 소녀도 거울에 비친 자기 얼굴을 보고 있는 것일까? 하지만 공주는 마치 거울의 표면 너머에 있는 무언가를 찾는 듯 얼굴을 바싹 갖다 댄 채 눈만 깜빡 거렸다.

'나를 보고 있구나!'

공주는 거울에 비친 제 모습이 아니라 오로지 거울만을 들여다보고 있었다. 천천히, 거울은 아주 천천히 공주의 까만 눈동자에 초점을 맞추기 시작했다. 그리고 난생처음 사람의 눈동자에 비친 자기 모습을 보았다. 공주의 눈동자와 거울이 서로를 끝없이 비추고 있었다. 공주의 입가에 미소가 살며시 번졌다. 공주는 하얀 수건에 입김을 호호 불어가며 거울을 닦기 시작했다. 세월의 때로 얼룩져 있던 가장자리가 점점 맑아졌다. 왕비가 하녀였을 때 이후로 거울을 닦아준 사람은 공주가 처음이었다.

잠시 후 무슨 생각에서인지 공주는 거울을 번쩍 들어 창가로 가져갔다. 늘 왕비의 얼굴만 비춰오던 거울 안으로 산과 하늘과 호수가 고스란히 담겼다. 공주와 거울은 나란히 서서 왕국의 대자연에 눈을 맡긴 채 한참 동안 시간을 잊고 있었다.

거울은 두 가지 즐거움으로 하루를 누렸다. 낮에는 어린 공주가 들려주는 이야기와 기발한 놀이에 흠뻑 빠져들었고, 밤에는 자신의 주인이자 빛나는 자랑인 왕비의 미모를 감상했다. 왕비는 더할 것도, 뺄 것도 없이 완벽한 아름다움을 갖추었음에도 여전히 거울 앞에서 자신의 미모를 확인한 뒤에야 비로소 그날 몫의 광채를 거두었다. 그 시간은 거울에게도 하루의 정점과 같았다.

그런 어느 날 거울의 꿈같은 일상에 금이 가기 시작했다. 그날도 왕궁에서는 연회가 한창이었고, 거울은 창가에서 향기로운 바람을 맞으며 공주의 흥겨운 콧노래에 취해 있었다.

그때 갑자기 문이 벌컥 열리더니 왕비가 들이닥쳤다. 처음에 거울은 창밖을 향하고 있었던 탓에 왕비를 직접 보지 못했지만, 하얗게 질린 공주의 얼굴은 똑똑히 볼 수 있었다.

"허락도 없이 내 방에 들어오다니, 게다가 거울까지 갖고 놀아?"

거울은 왕비의 입에서 그토록 차갑고 소름끼치는 목소리가 흘러나올 줄은 꿈에도 몰랐다. 그뿐만이 아니었다.

"넌 오늘 이 순간부터 하녀들과 함께 지내야 한다. 해 뜨기 전에 일어나 해가 질 때까지 이 방은 물론 왕궁의 구석구석을 먼지 하나 없이 청소해라. 그리고 잠들기 전까지 거울을 닦되 저 호수보다 맑게 빛나야 한다."

어린 공주가 하녀로 전락하는 순간이었다. 공주의 눈에서 떨어져 내린 눈물방울이 바람에 날려 거울에 닿았다. 거울의 가슴에 쿵 하는 소리가 들릴 만큼 무겁고 슬픈 눈물이었다.

"거울아, 거울아! 누가 제일 아름답지?"

그날 이후로도 왕비는 밤마다 거울 앞에 서서 똑같은 질문을 던졌다. 거울은 늘 그래 왔듯이 왕비가 원하는 대답을 들려주었다.

"제 앞에 서 계신 왕비님이 가장 아름답습니다."

왕비는 흐뭇한 미소를 지으며 잠자리에 들었다. 여느 때와 다름없이 평온한 밤이었지만 거울에게는 고통스러운 시간이었다. 잠든 왕비의 숨소리도 예전 같지 않았고, 침실을 비추는 달빛도 차갑기만 했다.

하루를 마친 거울의 가슴에는 늘 아름다운 왕비의 모습이 잔상으로 남아 있곤 했지만, 언제부터인가 공주의 슬픈 얼굴이 그 자리를 대신하기 시작했다. 하녀가 된 공주는 영락없이 초라하고 볼품없는 소녀에 불과했다. 왕궁의 그 누구도 그녀의 모습에서 공주의 흔적을 찾을 수 없었다.

하녀는 더럽고 냄새 나는 옷을 입은 채 이른 새벽부터 왕궁의 구석구석을 쓸고 닦았다. 거울을 닦을 때도 하녀는 아무 말이 없었다. 거울은 이슬 같은 눈망울로 자신을 뚫어지게 바라보며 끝없이 이야기를 들려주던 공주를 기억하고 있었기에 더더욱 마음이 아팠다. 하녀는 땀방울을 흘리며 거울을 닦다가 왕비가 들어온 뒤에야 하루 일을 마칠 수 있었다. 거울은 왕궁에서 가장 비천한 모습으로 방을 빠져나가는 하녀의 뒷모습을 하염없이 바라볼 뿐이었다.

"거울아, 거울아! 누가 제일 아름답지?"

방문이 닫히자마자 왕비가 거울 앞에 서서 물었다. 거울은 대답을 할 수 없었다. 어찌된 셈인지 말이 나오지 않았다.

"거울아, 거울아! 누가 제일 아름답지?"

침묵이 이어졌다.

왕비는 얼굴이 돌처럼 굳기 시작하더니 양손으로 거울을 꽉 잡고 흔들었다.

"누가 제일 아름답냐고 묻지 않았느냐?"

그 순간 아무도, 거울 자신조차도 예상하지 못했던 일이 벌어졌다. 거울의 표면 위로 왕비의 모습 대신 초라한 하녀의 뒷모습이 비치기 시작한 것이다. 왕비는 부들부들 떨며 거울에 비친 하녀를 노려보았다.

"설마 이 보잘것없는 하녀가 나보다 아름답다는 건 아니겠지?"

왕비의 위협적인 목소리에도 아랑곳없이 거울은 여전히 하녀의 뒷모습만 비추고 있었다.

다음 날, 또 그다음 날 밤에도 거울은 왕비의 질문에 묵묵부답이었다. 거울 속에는 왕비의 모습 대신 성 안의 가장 더러운 곳을 청소하는 하녀가 보였다. 왕비의 눈은 질투와 분노로 이글이글 타오르기 시작했다. 왕비는 당장 왕실 호위대장을 불러 명령했다.

"아무도 모르게 그 아이를 왕궁 밖으로 내다 버려. 이왕이면 늑대가 우글거리는 숲이 좋겠지."

호위대장은 왕비의 명령을 선뜻 이해하지 못했다.

"공주마마를 추방하라는 말씀이십니까?"

"공주라니? 그 더럽고 냄새 나는 아이가 공주라고?"

왕비의 싸늘한 미소를 본 뒤에야 호위대장은 그녀의 속뜻을 알아차렸다. 왕비와 호위대장 사이에 오가는 무시무시한 말을 듣는 동안 거울은 가슴 저 깊은 곳에서 또 한 번 쩽하는 소리를 들어야 했다.

호위대장은 왕비의 명령에 따라 공주를 머나먼 숲으로 데려갔다. 그러나 어린 소녀를 차마 늑대 소굴에 버릴 수는 없었다.

"공주마마, 숲으로 들어가지 말고 이 언덕길을 따라 계속 내려가세요. 길이 끝나는 곳에 일곱 난쟁이가 사는 오두막이 나올 겁니다. 세상을 등진 채 자기들끼리 행복을 누리며 사는 형제들이죠. 그 친구들이라면 공주마마를 잘 보살펴줄 겁니다. 용서하세요. 제가 할 수 있는 일은 여기까지입니다."

공주는 눈물을 흘리며 호위대장이 가리킨 곳으로 천천히 걸음을 옮겼다.

공주가 왕궁 밖으로 추방되던 그날 밤, 왕비는 오래간만에 만족스런 미소를 지으며 거울 앞에 섰다. 그리고 평생 해왔던 질문을 또다시 던졌다.

"거울아, 거울아! 누가 제일 아름답지?"

그러나 여전히 침묵이 이어졌고, 거울 속에는 왕비의 모습이 보이지 않았다. 대신 어두운 방바닥에 무릎을 꿇은 채 열심히 걸레질을 하고 있는 하녀의 뒷모습만 보였다. 왕비의 입에서 고통스러운 신음이 새어 나왔다.

"그 계집아이가 아직 살아 있단 말인가?"

다음 날 왕비는 호위대장을 불러 호통을 쳤다. 그리고 당장 숲으로 달려가 공주를 찾아내 직접 없애라고 명령했다.

"만일 내일 이 시간에도 그 계집아이가 살아 있다면 그땐 네 목숨을 내놓아야 할 거야!"

왕비의 명령을 받은 호위대장은 곧장 왕궁을 나섰다. 그러나 그가 향한 곳은 숲이 아니라 이웃 나라였다. 차마 공주를 해칠 수 없었기에 차라리 망명을 선택한 것이다.

그날 밤 왕비가 자기 앞에 섰을 때 거울은 처음으로 그녀에게서 두려움을 느꼈다. 그 두려움이 너무 컸던 나머지 거울은 어떡하든 왕비의 질문에 대답하려고 애를 썼다.

"거울아, 거울아! 세상에서 누가 제일 아름답지?"

거울은 남아 있는 모든 힘을 쥐어짜며 왕비가 원하는 대답을 들려주었다.

"제 앞에 서 계신 왕비님이 가장 아름답습니다."

그러나 왕비의 얼굴은 그 어느 때보다 무섭게 일그러지고 있었다. 늘 원하던 대답이 나왔지만 거울 속에는 여전히 하녀의 모습이 보였던 것이다.

"아직도, 아직도 살아 있단 말이냐?"

그날 밤 왕비는 상상조차 할 수 없는 무서운 계획을 세우기 시작했다. 탐스럽게 익은 빨간 사과에 독약을 칠하기 시작한 것이다.

"내가 직접 해치워야겠다. 내 눈앞에서 그 계집아이가 죽어가는 모습을 보고야 말겠어."

그 모습을 지켜보던 거울은 속에서 벼락이 치는 느낌을 받았다. 하늘을 쩍쩍 가르는 천둥소리가 가슴 깊은 곳에서 울려 퍼지고 있었다.

다음 날 왕비는 검은 망토를 두른 마녀로 변장하여 몰래 왕궁을 빠져나갔다. 바구니에는 독이 든 사과가 소복이 담겨 있었다.

그날 하루, 왕비가 돌아올 때까지 거울은 너무나 두렵고 고통스러운 시간을 보내야 했다. 거울은 어떡하든 왕비가 실패하기를, 아니 왕비가 마음을 고쳐먹기만을 간절히 바랐다. 그러나 늦은 밤 왕비가 돌아왔을 때 거울은 가슴이 무너져 내리고 말았다.

"해치웠어! 이제 그 계집아이는 영영 살아날 수 없을 거야!"

왕비는 회심의 미소를 지으며 검은 망토를 벗었다. 그리고 천천히 거울 앞으로 다가와 마치 연극의 마지막 대사를 읊듯이 또박또박 묻기 시작했다.

"거울아, 거울아! 세상에서 누가 제일 아름답지?"

거울은 왕비가 그랬던 것처럼 아주 천천히, 그리고 또박또박 대답하기 시작했다.

"언제나 왕비님이, 가장…… 아름다웠습니다."

한마디, 한마디를 소리 낼 때마다 거울은 자기 안에서 뭔가 날카로운 소리를 내며 금이 가는 아픔을 느꼈다. 대답이 끝난 뒤에도 왕비는 거울 앞을 떠나지 않았

다. 그녀는 거울에 비친 모습에서 도저히 눈을 뗄 수 없었다. 얼굴은 그 어느 때보다 심하게 일그러지고 먹구름처럼 어두워졌다.

거울 속에는 여전히 초라한 하녀가 걸레질을 하고 있었다. 창문으로 쏟아져 들어오는 햇살이 하녀를 비추자 너무도 아름다운 자태가 드러나기 시작했다. 왕비는 거울에 비친 하녀에게 참을 수 없는 질투를 느꼈다.

"이, 이런! 분명히 내가 해치웠는데 어째서 계속 비추는 거야!"

왕비는 부르르 떨리는 주먹을 높이 치켜들었다. 하지만 구태여 주먹으로 거울을 내리칠 필요는 없었다. 요란한 파열음과 함께 거울 스스로 금이 가고 있었던 것이다. 쩍쩍 갈라지는 와중에도 거울은 계속해서 하녀의 뒷모습만 보여줄 뿐이었다. 그러나 금이 가기 시작한 거울 속에 눈부신 햇살이 비치는 그 순간, 걸레질을 하던 하녀가 천천히 고개를 돌리기 시작했다. 마침내 왕비는 갈라진 거울을 통해 하녀의 얼굴을 똑똑히 볼 수 있었다.

거울 속 하녀의 얼굴은 자신이 쫓아낸 어린 공주가 아니었다. 그것은 아주 오래전, 시골 영주의 성에서 하녀로 살아가던 소녀, 바로 왕비 자신의 얼굴이었다. 왕비가 된 그날부터 과거의 모든 것을 잊고 살았던 그녀는 깨진 거울에 비친 자신의 옛 모습이 너무도 낯설게 느껴졌다.

왕비는 거울 속 하녀를 향해 떨리는 손을 천천히 내밀었다. 하지만 그녀의 손이 닿는 순간, 쨍하는 소리와 함께 거울 조각이 바닥에 와르르 떨어져 내리고 말았다.

길고 긴 평생에 걸쳐 오직 단 한 사람만을 가슴에 품고 살아왔던 거울은 이제 더 이상 사랑하는 이의 모습을 온전히 비출 수 없게 되었다. 깨진 거울 조각 위로 왕비의 고통스러운 비명과 함께 눈물방울이 뚝뚝 떨어져 내렸다.

왕비와 거울

시골의 어느 성에 낡고 오래된 거울이 있었어요.

무도회가 열리면 어여쁜 아가씨들이 거울 앞에서

예쁘게 단장하느라 바빴어요.

거울에 묻은 얼룩을 닦아주는 건 하녀뿐이었죠.

하녀는 너무 초라해서 아무도 말을 거는 사람이 없었어요.

어느 날 하녀가 거울에게 속삭이듯 말했어요.

"거울아, 거울아, 나도 예쁘니?"

하녀가 거울을 보는 동안 거울도 하녀를 물끄러미 보고 있었죠.

하녀의 얼굴은 땀과 먼지로 얼룩져 있었지만

그래도 거울은 하녀가 무척 예쁘다고 말했어요.

"고마워, 거울아." 하녀의 눈에 이슬방울처럼 눈물이 맺혔어요.

이때부터 하녀는 하루하루 달라지기 시작했어요.

하녀는 새벽 샘터에서 물을 길어 세수하고 머리도 감았어요.

별을 비추던 샘물이 하녀의 머리칼에 스며들어 반짝반짝 빛났죠.

하녀는 날마다 거울에게 물었어요.

"거울아, 거울아! 누가 제일 아름답니?"

그럼 거울은 늘 보이는 그대로 대답했어요.

"제 앞에 서 있는 당신이 가장 아름다워요."

하녀는 이제 자기가 예쁘다는 걸 믿기 시작했어요.

어느 날 성에서 큰 연회가 열렸어요.

연회장에 있던 이웃나라 왕은 하녀를 보고 한눈에 반하고 말았죠.

왕은 하녀와 함께 정원을 산책하며 많은 이야기를 나눴어요.

"그대처럼 아름답고 우아한 사람이 하녀라니 믿을 수 없소."

얼마 후 왕은 하녀에게 청혼했어요.

시골의 성에서 허드렛일을 하던 하녀는 이렇게 한 나라의 왕비가 되었어요.

백성들은 아름다운 새 왕비를 기쁘게 반겼어요.

왕의 외동딸인 어린 공주도 한껏 들떠 있었죠. 이제 엄마가 생겼으니까요.

하지만 왕비는 공주와 놀아줄 시간이 없었어요.

날마다 화려한 옷과 보석으로 치장하느라 정신이 없었거든요.

왕비는 하녀였던 시절을 하루빨리 잊고 싶었던 거예요.

그래서 왕이 머나먼 전쟁터에 나가 있는 동안에도 매일 연회를 열었어요.

늘 혼자 외롭게 이 방 저 방 기웃거리던 공주는

어느 날 왕비의 방에서 오래된 거울과 마주쳤어요.

"거울아, 너도 혼자구나."

공주는 예전에 하녀가 그랬던 것처럼 거울을 깨끗이 닦아주었어요.

또 거울을 창가로 데려가 아름다운 경치도 보여주었죠.

공주와 거울은 그렇게 친구가 되었어요.

하지만 둘 사이는 오래가지 못했어요. 어느 날 왕비에게 들키고 말았거든요.

왕비는 불같이 화를 내며 어린 공주에게 큰 벌을 내렸어요.

공주에게 누더기를 입히고는 하녀처럼 매일 왕궁을 청소하게 한 거예요.

"거울아, 거울아, 세상에서 누가 제일 아름답지?"

그 뒤로도 왕비는 밤마다 거울에게 물었어요.

"제 앞에 서 계신 왕비님이 가장 아름답습니다."

하지만 거울은 마음이 점점 무거워졌어요.

왕비는 더 이상 거울이 알던 사람이 아니었거든요.

거울은 하녀가 된 공주를 볼 때마다 가슴이 아파 견딜 수가 없었죠.

그때부터 거울은 더 이상 말을 할 수 없게 됐어요.

"거울아, 거울아! 세상에서 누가 제일 아름답지?"

왕비는 밤마다 거울에게 물었지만 아무 대답도 들을 수 없었죠.

그 대신 거울 속에는 초라한 하녀의 뒷모습만 보였어요.

"뭐라고? 저따위 하녀가 나보다 더 아름답다고?"

화가 난 왕비는 다음 날 호위대장을 시켜 공주를 숲에 버리라고 명령했어요.

하지만 그날 밤에도 왕비는 거울의 대답을 들을 수 없었어요.

거울 속에는 여전히 바닥에서 걸레질을 하는 초라한 하녀의 모습뿐이었죠.

"그 하녀가 아직도 살아 있단 말이냐?"

왕비는 다시 병사들을 시켜 공주를 없애라고 명령했어요.

하지만 거울은 매번 하녀의 모습만 비출 뿐이었어요.

마침내 왕비는 아주 무서운 일을 저지르고 말았어요.

마녀로 변장해서 공주에게 독이 든 사과를 먹인 거예요.

그날 밤 왕비는 미소를 지으며 거울에게 물었어요.

"거울아, 거울아, 이 세상에서 누가 제일 아름답지?"

그때 갑자기 쨍, 소리가 나더니 거울에 금이 가기 시작했어요.

갈라지는 거울 속에 마지막으로 하녀의 얼굴이 보였어요.

그 순간 왕비의 표정이 돌처럼 굳어버리고 말았어요.

거울에 비친 것은 어린 공주가 아니라 바로 그 옛날 왕비의 얼굴이었던 거예요.

그제야 왕비는 자기가 무슨 일을 저질렀는지 깨달았어요.

하지만 이미 거울은 산산이 부서진 뒤였죠.

깨진 거울 위로는 왕비의 눈물만 뚝뚝 떨어지고 있었어요.

"자기만의 아름다움을 찾는 아이로 자라렴."

거울은 어째서 왕비에게 하녀의 모습만 계속 보여줬을까?

어쩌면 '잃어버린 마음'을 되찾게 해주고 싶었는지도 몰라.

왕비가 아름다워지려고 할수록 예전의 마음을

점점 잃어가고 있었거든.

거울이 사랑했던 건 왕비의 아름다운 겉모습만이 아니었어.

거울에 묻은 얼룩을 닦아주고 정답게 말을 걸어주는

그 마음을 더 사랑했던 거야.

사실은 왕비처럼 겉모습에만 집착하는 사람들이 많단다.

물론 외모를 정성껏 가꾸는 건 필요한 일이지.

하지만 겉모습보다 더 중요한 건 자기만의 아름다움을 찾는 거야.

그리고 그 아름다움은 보이지 않는 곳, 바로 마음속에 있단다.

이 세상에 못난 사람은 아무도 없어.

다만 자기만의 아름다움을 찾지 못하거나

가꾸지 못한 사람이 있을 뿐이야.

그래서 아빠 너의 거울이 되기로 했어. 약속할게.

네 곁에서 언제나 너의 진짜 아름다움을 비춰주는

그런 거울이 되어주기로 말이야.

만만디의
우연한 모험

오형제 호

만 만 디 의
우 연 한 모 험

폭풍우가 무섭게 몰아치던 어느 날 밤, 커다란 나무가 쓰러지는 바람에 동물원의 철조망과 외벽이 와르르 무너지고 말았습니다. 그런데 하필이면 그곳이 호랑이 우리였습니다.

"엄마 깜짝이야. 시방 이게 뭔 일이래?"

만만디는 쿵 소리가 나자마자 제일 먼저 뛰어나갔습니다. 만만디는 다섯 마리의 시베리아 호랑이 중에서 가장 굼뜨고 느린 편이었지만 호기심만큼은 누구도 말릴 수 없었습니다.

"야야, 그냥 들어와. 괜히 밖에서 어슬렁거리다가 된통 당할 수 있어."

다른 호랑이들이 타일렀지만 어느새 만만디는 부러진 나무를 타고 우리 밖으로 어슬렁어슬렁 걸어 나가고 있었습니다.

사실 만만디는 동물원을 탈출할 생각이 전혀 없었습

니다. 탈출은커녕 동물원처럼 편안한 곳에서 행여 쫓겨날까 봐 늘 걱정하던 만만디였습니다. 하지만 태어나서 처음으로 바깥세상을 걷는 기분이 꽤 짜릿한 것도 사실이었습니다. 정말이지 만만디는 밖에서 조금만 놀다가 우리로 다시 돌아갈 생각이었습니다.

사육사들이 도착했을 때 우리에는 호랑이가 네 마리밖에 없었습니다. 사육사들은 황급히 사이렌을 울리고 비상 작전에 돌입했습니다. 동물원 뒷산 중턱에서 어슬렁거리던 만만디는 밤하늘에 울려 퍼지는 사이렌 소리에 깜짝 놀라 무작정 숲으로 몸을 던졌습니다. 만만디가 그렇게 민첩하게 움직인 것은 태어나서 처음이었습니다.

개와 고양이는 그다지 친한 사이가 아니라고들 하지만 도꾸와 나비를 보면 꼭 그런 것만도 아닙니다. 안락사 직전에 유기동물보호센터를 극적으로 탈출한 뒤로 둘은 한시도 떨어진 적이 없습니다.

골목의 쓰레기통을 뒤적거리며 하루하루 근근이 숨어 지내던 어느 날, 도꾸가 말했습니다.

"언제까지 이렇게 살 수는 없어. 우리 숲으로 들어가자."

나비는 썩 내키진 않았지만 도꾸와 헤어지는 건 더 싫었기에 결국 도시를 떠나기로 했습니다.

폭풍우가 몰아치고 밤하늘에 사이렌 소리가 울려 퍼지던 그날 밤, 숲에서 길을 잃고 헤매던 도꾸와 나비는 다 쓰러져가는 낡은 집을 발견했습니다. 무작정 폐가 안으로 들어서는 순간 도꾸와 나비는 소스라치게 놀라고 말았습니다. 호랑이 한 마리가 떡하니 들어앉아 있었기 때문입니다. 하지만 더 놀란 건 오히려 호랑이 만만디였습니다.

"어따 간 떨어질 뻔했네."

그러고는 부서진 벽 사이로 하늘을 쳐다보며 괜히 투덜거렸습니다.

"하늘이 뻥 뚫렸나, 뭔 놈의 비가 당최 그치질 않네."

도꾸와 나비는 멀찌감치 떨어진 채 벌벌 떨고 있었습니다. 만만디는 옆에 있던 거적때기를 던져주며 말했습니다.

"추우면 이거라도 덮든지."

갑자기 번개가 치고 하늘이 무너져라 천둥소리가 울려 퍼졌습니다.

"아이구야, 난리가 났네, 난리가 났어."

나비는 만만디가 놀라는 모습을 보다가 그만 자기도 모르게 킥 웃음을 터뜨렸습니다. 그러자 만만디도 머쓱한 표정을 지으며 낄낄거렸습니다. 바로 그때 원숭이 한 마리가 폐가 안으로 헐레벌떡 뛰어 들어왔습니다. 거의 동시에 돼지도 꿱꿱거리며 들어왔습니다. 만만디를 보자마자 원숭이는 잽싸게 기둥에 매달렸고, 돼지는 벌러덩 뒤집어지고 말았습니다.

"아주 그냥 쇼를 해요, 쇼를."

평생 동물원 우리에서만 살아온 만만디는 다른 동물들이 왜 이렇게 놀라 자빠지는지 이해할 수가 없었습니다.

　빗줄기는 갈수록 굵어졌고 천둥과 번개도 좀처럼 멈추지 않았습니다. 뚫린 천장으로 자꾸 비가 쏟아지자 동물들은 자기도 모르게 점점 가까이 다가앉았습니다. 시간이 갈수록 비가 새는 곳이 많아졌고, 마침내 그들은 서로의 어깨가 붙을 정도로 가까워졌습니다.

◆◆

　"이것도 다 인연인데 우리 통성명이나 합시다."

　원숭이가 먼저 침묵을 깼습니다. 도꾸와 나비가 나란히 자기소개를 하자 만만디가 뒤를 이었습니다. 만만디는 동물원 철조망이 무너진 얘기며 사이렌 소리에 놀라 잠시 몸을 피하는 중이라고 솔직히 고백했습니다.

　"그럼 동물원을 탈출한 거네요?"

　도꾸가 말했습니다.

"거참, 탈출이 아니라니까. 비 그치면 다시 돌아갈 거야."

다음엔 돼지 차례였습니다.

"난 금복이라고 해요. 금을 불러오는 복덩이란 뜻이죠. 그런데 주인이 오늘 아침에 다짜고짜 트럭에 태우더니 도축장으로 끌고 가더군요. 복덩이라고 부를 땐 언제고…… 참 섭섭합디다."

"어떻게, 용케 탈출했네요?"

나비가 물었습니다.

"급커브 할 때 차가 뒤집어졌거든요. 이때다 싶었죠. 죽기 살기로 도망쳐서 숲으로 들어온 거예요."

다음은 원숭이 차례였습니다. 도꾸와 나비, 금복이와는 달리 원숭이는 만만디와 나이가 비슷해 보였습니다.

"내 이름은 손오공일세. 다들 오공이라고 부르지. 평생 약장수를 따라 시골 장터를 전전했다네. 허구한 날 쥐어박히는 게 일이었지."

아닌 게 아니라 오공의 몸은 군데군데 상처투성이였습니다. 하루가 멀다 하고 두들겨 맞던 오공은 어느 날 우연히 개장수가 하는 말을 엿듣게 되었습니다. 남쪽 바다 저 멀리에 있다는 '노아섬'에 관한 이야기였습니다.

"노아섬? 거긴 어떤 곳인데?"

만만디의 호기심이 발동했습니다.

"믿거나 말거나지만 땅끝 마을 저 끄트머리에 하루 두 번 물이 갈라지고 바닷길이 드러나는 곳이 있다더군. 그 길로 곧장 가면 섬이 하나 나오는데 거기가 바로 버려진 동물들의 천국이라는 거야. 어느 유명한 동물 애호가가 무인도를 통째로 사들여서 동물원처럼 꾸몄다지? 그러곤 오갈 데 없는 동물들만 모아다가 거기서 키운다더군. 개장수 말로는 한마디로 동물들이 상팔자를 누리며 사는 곳이래."

오공의 말이 끝나자 도꾸와 나비, 금복이는 잠시 꿈에 젖은 듯 멍한 표정을 지었습니다.

"그나저나 자넨 사람 말을 알아듣는 모양이지?"

만만디가 물었습니다.

"평생 두들겨 맞다 보면 그렇게 돼. 눈치가 빤해지지."

이렇게 죽나 저렇게 죽나 마찬가지다 싶었던 오공은 약장수가 술에 취해 조는 틈을 타 필사적으로 도망쳤다고 합니다.

"아무튼 난 비가 그치면 곧장 남쪽으로 갈 생각일세."

"그러니까 그 노아섬인지 뭔지 하는 데를 정말 찾아가겠단 말인가요?"

금복이가 묻자 오공은 결의에 찬 표정으로 고개를 끄덕였습니다. 도꾸와 나비, 금복이는 부러운 듯 오공을 바라보다가 누가 먼저랄 것도 없이 "우리도 같이 가면 안 돼요?"라고 말했습니다. 그때 만만디가 중얼거렸습니다.

"꿈같은 소리, 세상에 그런 섬이 어디 있어!"

그러는 동안 빗줄기가 점점 가늘어지는가 싶더니 어느새 뚝 그쳤습니다. 만만디는 느릿느릿 몸을 일으키고는 나머지 네 마리를 돌아보며 이렇게 말했습니다.

"난 이만 가네. 자네들도 각자 알아서 살 길을 찾아보게."

숲은 아직 어둠에 잠겨 있었습니다. 만만디는 이제 비도 그치고 사이렌 소리도 멈췄으니 별 탈 없이 동물원 우리로 돌아갈 수 있겠다 싶었습니다. 하지만 산길 초입에는 이미 한 무리의 경찰과 군인들이 총을 든 채 포위망을 좁혀오고 있었습니다. 만만디는 그게 '탈출 호랑이 포획 팀'인 줄은 꿈에도 모르고 슬렁슬렁 다가갔습니다. 그때 누군가 "저기다!" 소리치며 들입다 마취총을 쏘았습니다. 주사기 총알은 정확히 만만디의 왼쪽 엉덩이에 팍 꽂혔습니다.

"엄마야!"

만만디는 화들짝 놀라 어두운 숲을 향해 미친 듯이 달리기 시작했습니다. 산 아래 쪽에서는 호루라기 소리와 발소리, 개 짖는 소리가 뒤죽박죽 섞인 채 점점 다가오고 있었습니다. 만만디는 무조건 깊은 숲을 찾아 달리고 또 달렸습니다. 하지만 점점 졸음이 몰려오더니 눈앞이 흐릿해지기 시작했습니다. 그러다 어느 순간 눈앞을 가로막고 있던 숲이 사라지더니 텅 빈 허공이 나타났습니다. 만만디는 어두컴컴한 절벽 아래로 떨어지고 있었던 것입니다.

"이제 정신이 좀 드나?"

만만디는 꿈결처럼 들려오는 오공의 목소리에 스르르 눈을 떴습니다. 눈앞엔 오공과 금복이, 도꾸와 나비가 나란히 서 있었습니다.

"어떻게 절벽에서 떨어진 양반이 코를 그렇게 고나? 꼬박 이틀 밤낮을 잠만 자더군."

오공은 그래도 다친 데가 없어 천만다행이라며 슬슬 떠날 채비를 하기 시작했습니다. 도꾸와 나비, 금복이도 오공을 따라 자리에서 일어났습니다.

"자네들 정말 남쪽으로 가는 겐가?"

만만디가 끙, 하고 몸을 일으키며 물었습니다. 오공은 말없이 고개를 끄덕였습니다. 폐가에서 만만디와 헤어진 뒤 그들은 곧장 노아섬을 찾아 길을 떠나려 했습니다. 그러나 만만디가 절벽에서 굴러떨어지는 것을 보고는 도저히 그냥 갈 수 없어 간호를 해주었던 겁니다. 만만디는 그들을 물끄러미 바라보다가 이렇게 말했습니다.

"나만 이대로 그냥 내버려두고?"

"자네도 같이 가고 싶나?"

"어디, 노아섬 말인가? 웃기지 말게. 내가 그런 얘길 믿을 것 같은가?"

"그럼 어쩔 수 없지. 우린 우리 길을 갈 테니 자넨 자네 길을 가게."

그러자 만만디는 꽤 다급한 목소리로 말했습니다.

"어어, 잠깐만! 그러지 말고 내가 동물원에 돌아갈 수 있게 좀 도와주지 않겠나?"

"총 든 군인들이 산을 빽빽하게 에워싸고 있는데 우린들 무슨 수로 자넬 도와줄 수 있겠나? 동물원은 포기하게. 절대로 돌아갈 수 없어. 지금이라도 당장 여길 떠나야 하네."

"그, 그럼 어쩔 수 없지. 이 숲을 벗어날 때까지만 자네들을 따라다녀야겠군."

"이보게, 자넨 쫓기는 몸이잖나. 사실 우리도 쫓기긴 매한가지지만 그래도 자네와 함께 다니다간 우리까지 더 위험해져."

"그러지 말고 나도 좀 끼워주게. 멀찌감치 떨어져서 걸을 테니."

사실 만만디는 살면서 누군가에게 이렇게 절박하게 매달려보긴 처음이었습니다. 그런데 마취총에 맞고 절벽에서 구른 뒤부터 만만디는 혼자 살아남을 자신이 싹 사라지고 말았습니다.

"그래요, 어차피 우리도 밤에만 이동할 거잖아요. 같이 가요."

도꾸와 나비, 금복이가 오공을 설득했습니다. 오공은 한참 고민하더니 영 내키지 않는다는 표정으로 말했습니다.

"아주 멀찌감치 떨어져서 걸어야 하네. 그리고 혹시 위급한 상황이 닥치더라도 우린 자넬 구해줄 수 없어. 야속하게 들리겠지만 이해해주게."

말은 그렇게 했지만 오공은 불안한 표정을 못내 감추지 못했습니다.

잠시 후 보름달이 둥실 떠올랐습니다. 일행은 환하게 빛나는 달빛을 피해 어두운 숲길을 따라 걷기 시작했습니다. 만만디는 일행과 너무 가까워지거나 혹은 너무 멀리 떨어지지 않도록 바짝 신경을 쓰며 걸었습니다.

해가 지면 걷고, 해가 뜨면 동굴이나 깊은 수풀에 몸을 숨기며 그들은 하염없이 걸었습니다. 이따금 약초꾼이나 땅꾼의 모습이 눈에 띄기라도 하면 그들은 바닥에 납작 엎드려 숨을 죽여야 했습니다. 하지만 무엇보다 고통스러운 건 굶주림이었습니다. 도꾸와 나비, 오공과 금복이는 깊은 밤을 틈타 민가에 내려가 논밭에서 뭐라도 주워 먹을 수 있었습니다. 물론 위험하기 짝이 없는 짓이었지만 만만디에겐 그마저도 불가능한 일이었습니다. 동료들이 허기를 달래는 동안 만만디는 깊은 숲에 웅크린 채 배를 곯아야 했습니다.

하루는 보다 못한 도꾸가 농장으로 내려가 암탉 한 마리를 물고 왔습니다. 만만디는 모처럼 배를 채울 수 있었지만 오공의 표정은 차갑기만 했습니다.

"도꾸! 그러다 들키는 날엔 끝장이라는 걸 모르나? 그리고 만만디 자네 말이야, 웬만하면 자기가 먹을 건 숲에서 직접 구하게. 명색이 호랑이 체면에 부끄럽지도 않나?"

만만디는 순간적으로 화가 났지만 오공의 말이 백번 옳았기 때문에 딱히 할 말이 없었습니다. 그 뒤로 만만디는 동료들의 시선이 조금씩 변해가는 것을 느꼈습니다. 만만디가 너무 뒤처진다 싶으면 잠시 멈춰 기다려주던 금복이도 이젠 앞만 보고 걸었고, 도꾸와 나비도 어지간해서는 뒤돌아보는 법이 없었습니다.

'다들 나를 짐짝처럼 대하는구나.'

만만디는 갈수록 쓸쓸해졌습니다. 하긴 자기가 생각해도 정말 한심하긴 했습니다. 앞서 가고 있는 개와 고양이, 원숭이와 돼지는 저마다 스스로 살 길을 찾아 목숨 걸고 탈출한 용감한 녀석들인 데다가 분명한 목적지가 있고, 또 거기서 꼭 행복하게 살겠다는 꿈도 있었습니다. 그런데 만만디는 어쩌다 동물원 우리를 벗어나는 바람에 쫓기게 된 신세고, 지금은 혼자인 게 두려워 일행의 꽁무니를 뒤따르고 있으니 말입니다. 만만디는 일행이 자기를 '덩치만 클 뿐 자기 앞가림도 못하는 녀석'이라고 여기는 게 싫었지만 그건 어쩔 수 없는 사실이었습니다. 동물원에서 태어나 평생 사육사가 던져주는 고기만 날름날름 받아먹으며 살아온 만만디에게 숲 속 도피 생활은 너무도 낯설고 두려웠습니다.

◆◆◆

먹구름이 밤하늘을 가려버린 캄캄한 밤, 일행은 아주 깊고 깊은 숲 속을 헤매고 있었습니다. 오공은 노련한 원숭이답게 높은 나무 위로 올라가 길을 찾아보려 했지만 눈앞엔 온통 칠흑 같은 어둠뿐이었습니다.

"만만디, 자넨 밤눈이 밝으니까 길을 한번 찾아보게."

오공이 만만디에게 처음으로 임무를 주었습니다.

"어, 알았네. 열심히 찾아보겠네."

만만디는 기쁜 마음으로 앞장서서 숲을 헤쳐 나갔습니다. 하지만 길을 찾기는커녕 점점 더 험한 숲으로 들어갈 뿐이었습니다.

"어째 아까 왔던 길 같지 않아?"

"글쎄, 여긴 좀 아닌 것 같다, 그치?"

뒤에서 자꾸 수군대는 소리가 들려오자 만만디는 점점 더 초조해졌습니다. 참다못한 오공이 만만디에게 다가왔습니다.

"이보게 만만디, 아무래도 내가 다시 앞장서는 게 낫겠네."

"어…… 그래? 그럼 그렇게 하지."

만만디는 다시 터덜터덜 일행의 뒤꽁무니로 돌아갔습니다. 도꾸와 나비, 금복이는 행여 오공을 놓칠세라 걸음을 재촉했지만, 만만디의 발걸음은 바위처럼 무거웠고, 마음은 그보다 훨씬 더 무거웠습니다. 울적한 마음으로 땅만 보며 걷던 만만디는 어느 순간 일행이 보이지 않는다는 사실을 깨달았습니다.

"어, 다들 어디 갔지?"

만만디는 일행을 찾아 빽빽한 수풀을 마구 헤쳐 나갔지만 몸을 움직이면 움직일수록 점점 더 엉뚱한 곳으로 들어갈 뿐이었습니다.

"어이, 오공이! 도꾸! 나비! 금복이! 다들 어디 있나?"

아무리 외쳐 불러도 대답이 없었습니다. 만만디는 두려워졌습니다. 그리고 시간이 흐를수록 두려움은 섭섭함과 분노로 바뀌었습니다. 만만디는 가슴이 너무도 아팠습니다.

'날 버리고 떠났구나!'

눈물이 왈칵 쏟아졌지만 지금은 울고 있을 때가 아니었습니다. 어떡하든 일행을 찾아야 했습니다. 만만디는 숲을 헤쳐 나가기 위해 발버둥을 쳤습니다. 나뭇가지가 온몸을 찔러대고 가시가 얼굴을 할퀴었습니다. 그렇게 정신없이 달리던 만만디의 눈앞에 갑자기 금복이의 투실투실한 엉덩이가 보였습니다. 만만디는 그 엉덩이가 너무도 반가웠습니다.

"아이고, 다들 여기 있었군. 한참 찾았네."

그런데 왠지 분위기가 이상했습니다. 오공은 어디로 갔는지 보이지 않았고 도꾸와 나비, 금복이는 마치 얼어붙은 듯 꼼짝 않고 서서 덜덜 떨었습니다.

"아니, 왜들 이러고 있어?"

고개를 쏙 내밀어 앞을 살펴보던 만만디는 소스라치게 놀라고 말했습니다. 어두운 수풀 사이로 여섯 개의 사나운 눈빛이 반짝였습니다. 굶주린 늑대 세 마리가 일행을 향해 서서히 다가오고 있었던 것입니다.

"아이구야, 이게 뭔 일이냐."

만만디는 부리나케 고개를 꽉 숙이고 몸을 바싹 낮추었습니다. 늑대들은 일행이 도망치지 못하도록 에워싸며 어슬렁어슬렁 다가왔습니다. 도꾸와 나비는 서로 부둥켜안은 채 낑낑거렸고, 금복이는 너무도 두려운 나머지 선 채로 오줌을 찔끔 내갈겼습니다. 그 바람에 금복이 바로 뒤에 납작 엎드려 있던 만만디는 난데없이 오줌 세례를 받았습니다. 만만디는 깜짝 놀라 자기도 모르게 "어흥" 하고 비명을 지르며 고개를 퍼뜩 치켜들었습니다.

바로 그때 세 마리의 늑대가 걸음을 뚝 멈추었습니다. 늑대들 눈에는 고개를 세차게 흔들며 포효하는 호랑이가 마치 자신들을 공격하려는 것처럼 보였습니다. 만만디가 오줌을 털어내려고 계속해서 고개를 흔들어대는 동안 늑대들은 슬금슬금 뒷걸음질을 치는가 싶더니 이내 수풀 속으로 사라졌습니다. 잠시 후 나무 위에 숨어 있던 오공이 쪼르르 내려와 만만디에게 말했습니다.

"만만디, 이제부터 우리 곁에 바싹 붙어 있게."

만만디는 일행과 함께 걸을 수 있어서 기분이 좋았습니다. 하지만 그보다 더 기뻤던 건 금복이의 한마디였습니다.

"아무리 동물원에서만 살아도 호랑이는 역시 호랑인가 봐요. 늑대 녀석들이 맥도 못 추고 도망쳤잖아요."

오공과 도꾸, 나비도 만만디를 바라보는 눈빛이 사뭇 달라졌습니다. 일행이 자신을 든든한 동행으로 받아들여준 것만으로도 만만디는 가슴이 뿌듯했습니다. 어둠에 잠겨 있는 깊은 숲도 예전만큼 무섭지 않았습니다. 생전 처음으로 '호랑이다워진 느낌'이 만만디의 온몸을 감싸는 것 같았습니다.

다음 날 밤, 오공과 도꾸, 나비, 금복이가 먹이를 찾아 민가로 내려간 사이, 만만디는 수풀에 몸을 숨긴 채 동료들이 돌아오기를 기다렸습니다.

'오늘은 어떤 먹이를 가져올까?'

만만디는 잔뜩 기대에 부풀어 있었습니다. 배에서는 꼬르륵 소리가 쉬지 않고 들려왔습니다. 동료들은 동쪽 하늘이 희부옇게 밝아올 즈음에야 숲으로 돌아왔습니다.

"만만디, 이것 좀 먹어봐요."

도꾸가 만만디에게 아직 살점이 약간 남아 있는 뼈다귀를 내밀었습니다. 만만디는 먹이를 향해 허겁지겁 달려들었습니다. 그리고 커다란 입으로 막 집어삼키려는 순간, 갑자기 멈칫하더니 다시 뼈다귀를 내려놓았습니다.

"왜요, 왜 안 먹어요? 얼른 먹어요!"

"자네가 목숨 걸고 구해 온 이 뼈다귀를 어떻게 날름 받아먹을 수 있겠나?"

만만디는 이렇게 말하는 자신이 너무도 멋있게 느껴졌습니다.

그때부터 만만디는 먹이를 찾아 혼자서 숲을 뒤지기 시작했습니다. 하지만 평생 사냥이란 걸 해본 적이 없는 만만디에겐 여간 어려운 일이 아니었습니다. 첫날은 꿩 한 마리를 두 시간 동안 추격하다가 끝내 허탕을 쳤고, 둘째 날은 노루를 쫓아 산 아래까지 내려갔다가 자동차 불빛에 놀라 철수하고 말았습니다. 아무것도 먹지 못한 만만디는 배가 눈에 띄게 홀쭉해졌습니다.

"아무래도 사냥은 아직 무리인 것 같네. 뭐라도 좀 먹어야 기운을 차리지 않겠나."

오공이 아무리 타일러봐도 만만디는 고개만 저었습니다. 그러고는 다시 먹잇감을 찾아 숲을 뒤졌습니다. 만만디가 사냥에 성공한 것은 그로부터 사흘 뒤였습니다. 산토끼 한 마리를 물고 돌아오는 만만디를 보며 동료들은 이제 그가 정말 호랑이 같다고 생각했습니다.

밤이 거듭될수록 만만디는 몸의 감각이 새로워지는 것을 느꼈습니다. 멀리서 들려오는 작은 소리도 귀에 크게 들어왔고, 바람 속에 숨어 있는 미세한 냄새도 알아챌 수 있었습니다. 또 깊은 어둠 속에서도 나무와 풀과 바위가 점점 뚜렷하게 보였습니다.

그런 어느 날 만만디는 빽빽이 우거진 숲 너머에서 뭔가 시원하면서도 향긋한 바람이 불어오는 것을 느꼈습니다.

"이보게 오공, 우리 저쪽으로 한번 가볼까? 왠지 좋은 느낌이 든단 말이야."

일행의 길잡이는 늘 오공이었지만 그날은 만만디가 잠시 앞장을 섰습니다. 한동안 거친 숲을 헤쳐 나가던 일행은 갑자기 걸음을 뚝 멈추었습니다. 그들 앞에 달빛에 반짝이는 작고 아름다운 호수가 펼쳐졌습니다. 게다가 호숫가 나무에는 탐스러운 열매들이 열려 있고 물 위로는 커다란 물고기들이 펄쩍펄쩍 뛰어오르고 있었습니다.

"무릉도원이 따로 없네그려."

오공이 말했습니다.

도꾸와 나비, 금복이는 "야호" 소리치며 호수로 달려갔습니다. 오공과 만만디도 활짝 웃으며 뒤따랐습니다.

오랜 도피 생활에 피곤했던 그들은 호숫가에 다다르자마자 긴장이 싹 풀리는 기분이었습니다. 도꾸와 금복이는 첨벙 물에 뛰어들었고, 나비는 물고기를 잡느라 정신이 없었습니다. 오공이 탐스런 과일을 아삭아삭 씹어 먹는 동안 만만디는 어느새 커다란 들쥐 한 마리를 잡는 데 성공했습니다.

"숲 속에 이런 기막힌 호수가 있을 줄은 정말 몰랐어요."

금복이는 연신 꽥꽥거리며 즐거워했습니다.

어느새 날이 밝아왔지만 구태여 몸을 숨길 필요가 없었습니다. 이 호수는 사방으로 숲이 빽빽하게 우거져 있어 누구노 쉽게 찾을 수 없는 요새 같은 곳이기 때문입니다. 게다가 호숫가 주변에는 먹잇감도 잔뜩 널려 있었습니다.

호수에 도착한 지 며칠이 지났지만 아무도 이곳을 떠날 생각을 하지 않았습니다. 그들은 낮 동안 실컷 먹고 즐기며 시간을 보냈고, 밤이 되면 향긋한 풀 위에 나란히 누워 이야기꽃을 피웠습니다.

"우리, 아주 오래전부터 이렇게 함께 살아온 것 같지 않아요?"

금복이가 말했습니다.

"맞아요, 내 평생 이렇게 행복한 순간은 처음이에요."

나비가 느긋하게 기지개를 켜며 말했습니다.

"노아섬은 아마 여기보다 훨씬 더 좋은 곳이겠지? 하지만 지금 여기도 아주 마음에 들어."

도꾸가 호수를 바라보며 말했습니다.

"이보게들, 노아섬은 잊어버리고 우리 다 같이 여기서 함께 살면 안 되겠나?"

만만디가 일행을 둘러보며 속마음을 얘기했습니다.

"나도 이 호수가 무척 마음에 들지만 그래도 여기서 쭉 살 순 없을 거예요. 어쨌든 우린 여전히 쫓기는 몸이잖아요. 아무튼 난 노아섬에서 우리 오형제와 평생 같이 살고 싶어요."

금복이가 말했습니다.

"오형제?"

만만디와 오공이 동시에 물었습니다.

"숲에서 만나 생사고락을 같이하고 있으니까 오형제 맞잖아요."

누가 먼저랄 것도 없이 키득키득 웃기 시작했습니다. 하지만 모두들 오형제라는 말이 왠지 가슴에 와 닿는 기분이었습니다.

그날 저녁 오공은 숲에서 커다란 나뭇잎을 하나 들고 왔습니다. 그러고는 손에다 진흙을 묻히더니 나뭇잎 위에 쿡 찍는 것이었습니다.

"자네 지금 뭐하나?"

만만디가 묻자 오공은 "형제들의 손도장을 찍자"고 말했습니다. 그러자 도꾸와 나비, 금복이도 차례차례 한쪽 발에다 진흙을 묻히더니 쿡 찍었습니다. 마지막으로 만만디가 진흙 묻은 발을 찍는 순간 커다란 나뭇잎에 다섯 마리의 표시가 완성되었습니다. 그들은 나뭇잎을 호수 위에 띄운 다음 한참 바라보았습니다.

밤하늘엔 별이 반짝이고 호수는 꿈꾸듯 잔잔했습니다. 밤이 깊어지자 오형제는 하나둘씩 코를 골기 시작했습니다. 멀리서 불어오는 바람이 만만디의 털을 부드럽게 어루만졌습니다. 그는 잠든 형제들의 얼굴을 찬찬히 바라보았습니다. 동물원 우리에서 살 때도 형제들은 있었지만 이렇게 애틋한 느낌은 사실 처음이었습니다. 노아섬에서 평생 같이 살고 싶다는 금복이의 말이 자꾸 귓가에 맴돌았습니다. 만만디는 흐뭇한 기분을 간직한 채 스르르 잠이 들었습니다.

이튿날 새벽, 날이 채 밝기도 전에 어디선가 비명이 들려왔습니다. 만만디는 벌떡 일어나 주변을 둘러보았습니다. 오공의 모습이 보이지 않았습니다. 오공은 새벽마다 호숫가를 거닐며 과일을 따곤 했습니다.

'오공한테 무슨 일이 생겼구나!'

그때 또다시 비명이 들려왔습니다. 만만디는 소리가 난 곳을 향해 잽싸게 달렸습니다. 정신없이 내달리던 만만디는 호숫가 산딸기 숲 앞에서 걸음을 뚝 멈추었습니다. 눈앞엔 믿을 수 없는 광경이 펼쳐져 있었습니다. 여섯 마리의 늑대들이 오공을 가운데 놓고 차례차례 공격하고 있었던 것입니다. 오공은 풀밭 위에 죽은 듯이 쓰러져 있었습니다. 만만디는 늑대들을 향해 있는 힘껏 포효했습니다. 그 소리에 늑대들이 일제히 고개를 치켜들었습니다. 하지만 지난번처럼 슬금슬금 내빼지는 않았습니다. 여섯 마리로 불어난 늑대들은 이제 한번 싸워볼 만하다고 생각했는지 만만디를 향해 이빨을 드러내며 다가왔습니다. 적들의 서슬 퍼런 기세에 만만디는 잔뜩 겁이 났습니다. 하지만 눈앞엔 오공이 쓰러져 있고 뒤에는 도꾸와 나비, 금복이가 벌벌 떨고 있었습니다.

'내가 도망치면 형제들은 늑대 밥이 될 거야.'

생각이 거기까지 미치자 온몸의 털이 곤두서기 시작했습니다. 그리고 숨어 있던 발톱이 털을 비집고 날카롭게 드러났습니다. 먼저 공격을 시작한 것은 늑대들이었습니다. 만만디는 여섯 마리의 늑대들을 상대로 생애 최초의 싸움을 시작했습니다.

한동안 호숫가에는 늑대와 호랑이가 무시무시하게 울부짖는 소리만 끝없이 울려 퍼졌습니다. 도꾸와 나비, 금복이는 풀숲에 몸을 숨긴 채 공포에 질린 표정으로 싸움을 지켜보았습니다. 처음엔 늑대들의 공격이 워낙 거센 탓에 금방이라도 만만디가 질 것만 같았습니다. 하지만 풀밭 위로 늑대들이 한 마리, 두 마리씩 쓰러지더니 나중엔 단 두 마리밖에 남지 않았습니다.

만만디는 온몸에 상처를 입은 채 남아 있는 두 마리를 향해 서서히 다가갔습니다. 그러자 녀석들은 재빨리 서로에게 눈치를 주는가 싶더니 마침내 뒷걸음질을 쳤습니다. 곧이어 쓰러져 있던 늑대들도 간신히 몸을 일으켜 무리와 함께 후퇴하기 시작했습니다. 만만디는 마지막으로 숲이 쩌렁쩌렁 울리도록 길게 울부짖었습니다. 그 소리에 놀란 늑대들은 낑낑 소리를 내며 황급히 숲 속으로 달아났습니다.

"지금 당장 여길 떠나야 돼."

만만디가 형제들에게 말했습니다. 하지만 오공의 몸 상태로는 도저히 길을 떠날 수 없을 것 같았습니다. 만만디의 몸도 상처투성이긴 마찬가지였습니다.

"오공, 내 등에 업힐 수 있겠나?"

만만디가 묻자 오공은 힘없이 고개를 끄덕였습니다. 만만디는 오공을 등에 업은 다음 나머지 형제들에게 뒤를 따르라고 말했습니다.

그날 밤 오형제는 무릉도원 같았던 호수를 등지고 다시 거친 숲을 향해 걸음을 옮기기 시작했습니다.

고된 행군이 이어졌습니다. 높은 절벽을 만나면 길게 에둘러 가야 했고, 물살이 거센 강을 만나면 바윗돌을 징검다리 삼아 아슬아슬하게 건너야 했습니다.

"늑대들을 만났을 때 왜 재빨리 도망치지 않았나?"

만만디가 등에 업힌 오공에게 물었습니다.

"난 전에 이미 한 번 도망친 적이 있었잖아. 이번만큼은 형제들을 위험에 빠뜨리고 싶지 않았네."

"바보 같은 친구, 자네 없이 우리가 어떻게 노아섬을 찾아갈 수 있겠나? 자네만큼은 끝까지 살아야 해. 살아서 다 함께 섬을 찾아가야 돼."

"이보게 만만디, 자네 정말로 노아섬에 가고 싶나?"

만만디는 갑자기 말문이 막혔습니다. 동물원을 떠나서는 단 하루도 살아갈 수 없을 거라 믿었던 만만디였습니다. 또 그는 세상에서 동물원만큼 안전하고 편안한 곳은 없다고 생각했습니다. 하지만 지금 만만디의 머릿속에는 오형제와 함께 노아섬에서 살고 싶다는 생각밖에 없었습니다.

"이보게 오공, 우린 절대로 헤어지지 않을 걸세. 다 함께 노아섬에서 행복하게 살게 될 거야."

"만만디, 정말로 노아섬이 있다고 믿나?"

"그럼, 믿지. 자네야말로 왜 그런 질문을 하는 겐가?"

그러자 오공이 천천히 고개를 저으며 말했습니다.

"어쩌면 그냥 뜬소문일지도 몰라. 정말로 물이 갈라지고 길이 드러날까? 거기에 정말로 섬이 있을까? 또 우리 같은 떠돌이 동물들을 흔쾌히 받아들여줄까? 난 솔직히 믿을 수가 없어."

만만디는 갑자기 힘이 쪽 빠지는 기분이었습니다. 만약에 노아섬이 뜬소문에 지나지 않는다면 이 모든 고생은 어떡한단 말인가? 만만디는 숲 속 두 갈래 길 앞에 서서 나머지 형제들을 돌아보았습니다. 아무 생각 없이 자신을 뒤따르는 도구와 나비, 금복이…… 만만디는 오공에게 속삭였습니다.

"오공, 다른 친구들에겐 행여 그런 소리 하지 말게. 노아섬은 정말 있을 거야."

만만디는 어떡하든 계속 가야 한다고 생각했습니다. 설령 노아섬이 뜬소문일지라도 여기서 멈출 수는 없었습니다.

'만일 여기서 멈춘다면 형제들은 살아갈 힘을 잃게 되겠지.'

만만디는 고개를 세차게 흔들었습니다.

"이보게 오공, 어느 길로 가야 하지?"

만만디가 오공에게 물었습니다.

"잘 모르겠네. 어떡하든 남쪽으로 가야 할 텐데."

만만디는 나뭇가지와 수풀의 방향을 찬찬히 살펴보다가 왼쪽 길을 택했습니다. 이제 그는 본능으로 길을 찾아야 한다는 것을 알고 있었습니다.

남쪽 땅끝 마을이 점점 가까워질수록 숲길은 더더욱 험해졌습니다. 몸이 무거운 금복이는 자꾸만 뒤처졌고, 용케 잘 걸어가던 도꾸와 나비도 비틀거리기 일쑤였습니다. 만만디는 머리로 금복이의 엉덩이를 밀다시피 해가며 언덕을 넘었습니다. 처음엔 깃털처럼 가볍던 오공마저 이제는 바위처럼 무겁게 느껴졌습니다. 그래도 만만디는 여전히 맨 앞에서 형제들을 이끌었습니다.

"이보게 만만디, 더 이상은 힘들겠어. 여기서 날 내려주게. 자네들끼리 노아섬을 찾아가. 이 길로 곧장 가면 땅끝 마을이 나올 게야."

오공이 말했습니다. 하지만 만만디는 들은 척도 하지 않았습니다.

"고집 그만 부리고 날 내려줘, 제발."

"한 번만 더 그런 소리 하면 내 가만두지 않을 걸세."

만만디는 남아 있는 힘을 쥐어짜기 시작했습니다. 사실 늑대들과의 싸움에서 입은 상처 때문에 그의 몸도 정상이 아니었습니다.

"바람 냄새를 맡아보니 바다가 점점 가까워지고 있군. 다들 힘을 내! 이제 다 왔어!"

만만디는 짐짓 큰소리로 말했습니다.

"노아섬에 도착하면 한 일주일은 잠만 잘 거야."

도꾸가 이렇게 운을 떼자 나비와 금복이도 맞장구를 쳤습니다.

"난 시원하고 깨끗한 물로 목욕을 할 거야."

"목욕은 무슨? 난 일단 뭐든지 먹어야겠어."

잠자코 듣고만 있던 오공도 중얼중얼 한마디 거들었습니다.

"그러고는 호숫가 잔디밭에서처럼 나란히 누워 함께 잠이 들겠지?"

갑자기 모두들 입을 다물었습니다. 그들은 하나같이 노아섬에서의 아름다운 일상을 상상하고 있었습니다.

다시 행군이 이어졌습니다. 그들은 다섯 개의 높은 언덕을 넘었고, 세 개의 깊은 협곡을 건넜습니다. 때로는 절벽으로 난 좁은 길을 아슬아슬하게 지날 때도 있었습니다. 그렇게 밤이 일곱 번 지나던 어느 날 멀리서 들려오는 파도 소리가 오형제의 귀에 들렸습니다. 오공이 만만디에게 말했습니다.

"이제 날 내려줘도 돼. 여기서부터는 내 다리로 직접 걷고 싶네."

잠시 후 오형제는 높은 산 위에 도달했습니다. 눈앞에는 드넓은 바다가 펼쳐져 있었습니다. 그리고 바다 저 멀리 작고 거뭇한 것이 보였습니다.

"저게 바로 노아섬이로군."

오공이 말했습니다. 만만디는 가슴이 뛰었습니다. 마음 같아서는 당장이라도 섬을 향해 내달리고 싶었습니다. 하지만 아직은 바닷길이 열리지 않았습니다.

오형제는 나란히 앉아 바다를 바라보았습니다. 그리고 해가 중천에 떴을 때, 마침내 물이 양쪽으로 갈라지면서 길이 나타나기 시작했습니다.

"와아, 길이 열린다!"

오형제가 탄성을 질렀습니다.

"언제 물이 다시 찰지 모르니까 서둘러야 할 걸세."

오공의 말이 떨어지자마자 형제들은 산기슭을 향해 정신없이 내달리기 시작했습니다.

❖❖

오형제는 산 아래까지만 오면 바닷길로 곧장 달려갈 수 있을 거라 생각했습니다. 하지만 산과 바다가 만나는 좁은 길에서 그들은 뜻하지 않은 복병을 만나고 말았습니다. 한 무리의 경찰과 군인들이 총을 든 채 사방을 주시하고 있었던 겁니다. 게다가 길 양쪽으로는 커다란 강이 흐르고 있었습니다.

길가에 세워진 커다란 트럭에는 '유기동물 포획반'이라는 글자가 적혀 있었습니다. 오형제는 인간의 문자를 알아볼 수 없었지만 느낌으로도 충분히 눈치를 챌 수 있었습니다.

"이제 다 틀렸군."

오공이 기어들어가는 목소리로 말했습니다. 도꾸와 나비, 금복이의 입에서도 긴 한숨이 새어 나왔습니다. 만만디는 절망적인 눈길로 군경들을 바라보았습니다. 세상에서 가장 무서운 풍경이었습니다. 또 한편으로는 형제들에게 너무도 미안했습니다. 이 모든 게 바로 자기 때문에 벌어진 일이기 때문입니다. 총을 든 사람들이 고작 개나 고양이, 원숭이, 돼지 따위를 잡으려고 저렇게 몰려왔을 리가 없기 때문입니다. 만만디는 의욕을 완전히 잃어버린 형제들을 물끄러미 바라보았습니다. 그리고 잠시 후 이렇게 말했습니다.

"형제들, 내가 신호를 보내면 죽기 살기로 뛰어야 해. 뒤도 돌아보지 말고 그냥 저 바닷길로만 쭉 내달리는 거야. 알았지?"

"자네 무슨 생각을 하는 거야?"

오공이 만만디의 갈기를 확 붙잡았습니다. 만만디는 오공의 눈을 뚫어지게 보며 다시 말했습니다.

"자네들만이라도 꼭 가야 하네. 난 사실 별로 가고 싶은 마음이 없었어. 하지만 자네들은 처음부터 노아섬이 목표였잖아. 그러니 꼭 성공해야 해."

"거짓말 말게. 우리가 여기까지 온 게 누구 덕분인데. 노아섬이 대순가? 살아도 같이 살고 죽어도 같이 죽는 거야."

"맞아요, 우린 형제잖아요. 다시 숲으로 돌아가서 함께 살아요."

도꾸와 나비, 금복이도 울먹거리며 매달렸습니다.

"숲에서 살 수 없다는 건 잘 알잖아? 어리석게 굴지 말고 어서 준비들 하게."

한동안 오공과 도꾸, 나비, 금복이는 만만디의 마음을 돌려보려고 애를 썼습니다. 그러나 만만디는 이미 마음을 굳게 정한 상태였습니다. 오공의 눈에서 눈물이 펑펑 쏟아졌습니다. 그는 흘러내리는 눈물을 닦으며 만만디에게 말했습니다.

"마취총에 맞으면 그 자리에서 쓰러져야 해. 끝까지 버티지 말란 말일세. 자칫하다간 진짜 총에 맞을 수도 있어."

"알았네. 하지만 자네들도 열심히 달려야 해. 절대로 잡히지 말게! 그리고 노아섬에 도착하거들랑 평생 행복하게 잘 살아야 하네."

말을 마치사마자 만만디는 번개처럼 수풀 밖으로 뛰쳐나갔습니다. 그러고는 곧장 군경들을 향해 내달리더니 오른쪽 강물 위로 몸을 날렸습니다. 만만디는 자신이 그렇게 멀리 점프할 수 있었나 싶었습니다. 그는 마치 하늘을 나는 것처럼 한참 동안 허공을 갈랐습니다.

"저기다, 호랑이가 나타났다!"

첫 마취총이 발사된 것은 만만디가 이미 강가에 도달했을 때였습니다. 다행히 총알은 빗나갔고 만만디는 가능한 한 먼 곳을 향해 힘껏 내달렸습니다. 하지만 두 번째 총알이 허벅지에 그대로 꽂히는 바람에 그 자리에 나동그라지고 말았습니다.

'아직은 안 돼!'

만만디는 다시 일어나 맹렬한 기세로 달리기 시작했습니다. 곧이어 세 번째, 네 번째 총알이 어깨를 관통했습니다. 그래도 만만디는 걸음을 멈추지 않았습니다. 마지막으로 다섯 번째 총알이 왼쪽 엉덩이에 꽂히는 순간 만만디는 기어이 바닥에 고꾸라지고 말았습니다. 그는 흙더미에 쓰러진 채 저 멀리 펼쳐진 바닷길을 바라보았습니다. 섬으로 이어진 긴긴 바닷길 위로 네 마리의 동물이 내달리고 있었습니다. 만만디는 아스라이 멀어지는 형제들을 바라보며 미소를 지었습니다. 그리고 잠시 후 그는 가쁜 숨을 내쉬며 천천히 눈을 감았습니다.

여름이 끝나고 가을, 겨울이 지나 다시 봄이 왔습니다. 노아섬의 동물들은 파도 소리를 들으며 잠에서 깨어났습니다. 아침 종소리가 은은하게 울려 퍼지면 동물들은 음식이 잔뜩 쌓인 앞마당으로 나가 밥을 먹었습니다. 그리고 식사가 끝나면 저마다 섬 주변으로 흩어져 평화로운 시간을 보냈습니다.

오공은 도구와 나비, 금복이와 함께 늘 바닷가에 앉아 길이 열리고 닫히는 모습을 물끄러미 바라보았습니다. 섬에서 살기 시작한 지도 벌써 반년이 훌쩍 지났습니다. 노아섬은 뜬소문이 아니라 실제로 존재하는 동물들의 이상향이었습니다. 그들은 언제 그랬냐는 듯이 포동포동 살이 쪘고, 털도 반지르르하게 윤기가 흘렀습니다.

오늘은 그들에게 특별한 날이 될 것 같습니다. 오공이 숲에서 커다란 나뭇잎을 주워 왔기 때문입니다. 네 형제들은 누가 먼저랄 것도 없이 각자 손발에다 진흙을 묻히더니 나뭇잎에 쿡, 하고 도장을 찍었습니다. 나뭇잎에 찍힌 표시가 다 마르자 오공은 섬에서 사귄 갈매기를 불렀습니다.

"내가 얘기한 대로 잘 찾아갈 수 있겠지?"

그러자 갈매기는 고개를 끄덕이며 날갯짓을 했습니다. 잠시 후 갈매기는 커다란 나뭇잎을 입에 물고 육지를 향해 힘차게 날아갔습니다. 네 형제는 갈매기가 보이지 않을 때까지 바닷가에 한참 서 있었습니다.

다시 눈을 떴을 때만 해도 만만디는 이곳이 노아섬인 줄로만 알았습니다. 하지만 눈앞에는 네 마리의 시베리아 호랑이들이 서 있었고, 그 뒤로는 새롭게 지어진 천조망과 외벽이 떡 버티고 있었습니다. 그는 평생 살아온 동물원 우리가 너무도 낯설게 느껴졌습니다.

만만디가 다시 걷기 시작한 것은 보름이 지난 뒤부터였습니다. 아직은 걸을 때마다 어깨와 허벅지가 욱신욱신 쑤셨지만 그런대로 견딜 만했습니다. 다른 호랑이들은 도대체 그동안 무슨 일이 있었는지 궁금해 했습니다. 그러나 만만디는 좀처럼 입을 열지 않았습니다.

"말해줘도 못 믿을 거야."

사실 만만디 자신도 마치 긴긴 꿈을 꾼 것만 같았습니다. 그는 날마다 마당에 배를 깔고 앉아 하늘을 바라보았습니다. 어쩌다 네 형제들이 너무도 그리워질 때면 하늘을 향해 낮은 울음을 길게 뽑아내곤 했습니다.

동물원 우리에서의 생활은 예전과 달라진 게 하나도 없었습니다. 때가 되면 사육사가 주는 밥을 먹고, 관람객들을 향해 한번 으르렁거려보기도 하면서 아무렇지 않게 하루하루가 흘렀습니다. 그러나 만만디에게는 더 이상 똑같은 하루가 아니었습니다. 그는 숲에서 만난 형제들과 생사고락을 함께 나눈 두 달을 평생 잊을 수가 없었습니다. 그리고 그들과 쌓은 우정, 그들과 함께했던 추억을 천천히 되새기는 것만으로도 하루하루가 충분히 행복했습니다. 무엇보다 '호랑이처럼' 살았던 그 시간들이 있었기에 만만디는 동물원의 그 누구보다 흐뭇하게 늙어갈

수 있었습니다.

여름이 끝나고 가을, 겨울이 지나 봄이 찾아왔습니다. 어느 날 마당에 앉아 꾸벅꾸벅 졸고 있던 만만디에게 뜻밖의 선물이 날아왔습니다. 그 선물은 하늘에서 날아와 만만디의 눈앞에 툭 떨어졌습니다. 커다란 나뭇잎에 찍힌 네 개의 발자국을 보는 순간 만만디의 입가에 환한 미소가 퍼졌습니다. 그는 우리 안에 고여 있는 물에 발을 적신 뒤 흙에다 문질렀습니다. 그러고는 나뭇잎의 비어 있는 여백에다 발자국을 쿡 찍었습니다. 나뭇잎에는 다섯 개의 발자국이 선명하게 찍혀 있었습니다.

만만디의 우연한 모험

콰르릉 쾅! 폭풍우가 무섭게 치던 밤이었어요.

커다란 나무가 쓰러지는 바람에 동물원 벽이 와르르 무너지고 말았어요.

호랑이 만만디는 호기심에 그냥 한번 밖으로 살짝 나가봤어요.

하지만 사람들은 호랑이가 탈출했다며 총으로 만만디를 공격했어요.

난데없는 소동에 만만디는 깜짝 놀라 숲으로 막 도망쳤어요.

만만디는 숲 속에서 원숭이와 돼지, 개와 고양이를 만났어요.

다들 남쪽에 있는 노아섬을 찾아가는 길이었대요.

그 섬은 동물들이 행복하게 살 수 있는 천국 같은 곳이래요.

만만디는 "나도 데려가, 나도 데려가!" 하고 졸랐어요.

친구들은 만만디를 끼워주기는 했지만 영 찜찜한 눈치였어요.

괜히 호랑이랑 같이 다니다가 사람들한테 잡히면 큰일이니까요.

친구들이 먹이를 구하러 마을로 내려갈 때도

만만디는 숲에 꼭꼭 숨어 있었어요.

겁도 많고 사냥도 할 줄 모르고, 또 잘못하면 사람들한테 들킬 수도 있거든요.

그렇게 친구들이 갖다 주는 먹이만 날름날름 받아먹으며

쫄랑쫄랑 따라다니다 보니 점점 밉상이 될 수밖에요.

친구들은 이제 만만디한테 말도 잘 안 걸고,

잘 따라오는지 돌아보지도 않았어요.

"아, 다들 나를 짐처럼 여기는구나."

만만디는 슬프고 외로워서 눈물이 날 것만 같았죠.

그런데 하루는 앞서 가던 친구들이 걸음을 딱 멈추는 거예요.

"뭔데, 왜 갑자기 멈추는 거야?"

맨 뒤에 있던 만만디가 궁금해서 고개를 쏙 내밀어 봤더니

글쎄 커다란 늑대 세 마리가 으르렁거리며 다가오지 않겠어요?

만만디 앞에 있던 돼지는 오줌까지 찔끔찔끔 쌌어요.

그런데 하필 그 오줌이 만만디 얼굴에 튀고 말았어요.

만만디는 깜짝 놀라서 자기도 모르게 어흥, 하고 비명을 질렀죠.

그 소리에 놀란 늑대 녀석들이 "호랑이다!" 하고 도망쳤어요.

"만만디 덕분에 살았어! 역시 호랑이는 호랑이야!"

친구들은 이제 만만디를 다르게 보게 됐어요.

그런데 참 이상하죠?

친구들한테 칭찬을 들으니까 막 자신감이 생기고,

왠지 뿌듯하고 행복해지는 기분이에요.

그때부터 만만디는 조금씩 달라지기 시작했어요.

혼자 사냥도 하고 앞장서서 길을 찾기도 했죠.

깊은 숲 속에 있는 아름다운 호숫가를 찾아낸 것도 만만디였어요.

덕분에 친구들은 모처럼 행복한 시간을 보낼 수 있었죠.

만만디와 친구들은 다 함께 노아섬에 도착해서

평생 형제처럼 친하게 지내기로 맹세했어요.

하지만 며칠 뒤 큰일이 벌어졌어요.

원숭이가 혼자서 과일을 따러 갔다가 그만 늑대를 만났지 뭐예요.

한 마리도 아니고 여섯 마리나 원숭이한테 달려드는 거예요.

만만디는 원숭이를 구하려고 혼자 늑대들과 싸우기 시작했어요.

늑대들은 아주 사나웠지만 그래도 만만디는 물러서지 않았죠.

형제들을 지켜야 한다는 생각밖에 없었거든요.

마침내 늑대들은 슬금슬금 눈치를 보더니 도망치기 시작했어요.

"여긴 위험해. 늑대들이 언제 다시 몰려올지 몰라."

만만디는 다친 원숭이를 등에 태우고 앞장섰어요.

그러고는 성큼성큼 노아섬으로 향했죠.

높은 산을 오르고 큰 강을 건넜어요.

만만디는 원숭이를 등에 태운 채 그 험한 길을 걷자니 너무 힘들었어요.

형제들도 갈수록 점점 뒤처지기 시작했죠.

그래도 만만디는 형제들에게 희망을 잃지 말자고 했어요.

어느 날 만만디와 형제들은 고생 끝에 드디어

노아섬이 보이는 바닷가에 도착했어요.

형제들은 매우 기뻐서 폴짝폴짝 뛰었어요.

하지만 아직 기뻐할 때가 아니었어요.

노아섬으로 가는 길목에 총을 든 사람들이 지키고 있었거든요.

이제 만만디는 물론이고 형제들까지 몽땅 잡혀가게 생겼어요.

그때 만만디가 형제들에게 말했어요.

"얘들아, 내가 저 사람들을 따돌릴 테니까

너희들은 곧장 노아섬으로 뛰어, 알았지?"

그러고는 형제들이 말릴 새도 없이 밖으로 뛰쳐나갔어요.

"저기다! 호랑이가 나타났다!"

사람들이 마취총을 땅땅 쏘아대기 시작했어요.

그러는 동안 형제들은 노아섬을 향해 있는 힘껏 내달렸죠.

민민디는 마취총에 맞아 쓰러지면서도

형제들이 노아섬에 무사히 도착하기만을 빌었어요.

다시 눈을 떴을 때 만만디는 이미 동물원에 실려와 있었어요.

'아, 형제들은 무사히 도착했을까?'

만만디는 형제들이 너무 걱정됐어요.

그런 어느 날, 갈매기 한 마리가 만만디에게 커다란 나뭇잎을 전해 주었어요.

나뭇잎에는 원숭이, 개, 고양이, 돼지의 발자국이 꾹 찍혀 있었죠.

만만디는 형제들의 발자국을 보며 그제야 활짝 웃었어요.

비록 멀리 떨어져 있지만 이제 만만디의 마음속엔

늘 형제들이 함께하게 된 거예요.

아빠의 생각보따리
"주인처럼 생각하는 아이로 자라렴."

천덕꾸러기 취급만 받던 만만디가 어쩜 이렇게 달라졌지?

진짜 호랑이처럼 생각하고, 행동하잖아. 무엇이 만만디를 바꿔놓았을까?

아빠는 만만디가 중요한 질문 하나를 마음에 품으면서 변화가 시작된 것 같아.

바로 '무엇이 호랑이다운 것일까?'라는 질문 말이야.

그러니까 만만디의 진짜 탈출은 마음속에서 시작된 셈이지.

이 질문을 하면서 만만디는 자기 삶의 주인이 되었어.

더 이상 동물원의 풋내기 호랑이가 아닌 스스로 길을 찾는 야생의 호랑이가 된 거야.

먹이를 직접 사냥하고, 용감하게 늑대와 맞서는가 하면

형제들을 위해 희생하는 진짜 리더의 모습도 보여주었잖아.

맞아, 때로는 생각 하나만으로도 이렇게 많은 것이 달라져.

중요한 건 주인처럼 생각하는 사람은 정말로 주인처럼 살게 되고,

하인처럼 생각하는 사람은 점점 하인처럼 살게 된다는 거야.

아가야, 마음 푹 놓고 기다리렴.

이제 곧 네가 주인이 될 멋진 세상을 만나게 될 테니까.

3

꿈꾸고 상상하는
그대로 살게 될 거야

세상을 꿈으로 채우는 이야기

어쩌다 행운을 만나도 우연이라 여기지 말아요.
꿈을 가진 사람에게 우연이란 없으니까요.

어려운 일이 닥치면 오히려 반겨주세요.
당신의 꿈이 얼마나 소중한지를 알려주는 신호니까요.

상상을 현실로 만들고 싶으면 배를 띄워 보내세요.
그 배의 이름은 '간절함'이에요.

시골극장
레젠다

시골극장 레젠다

유럽 어느 접경 지역의 작은 마을에 레젠다라는 오래된 극장이 있었다. 한때는 그 이름에 걸맞게 여러 전설적인 음악가들이 무대를 빛내기도 했지만, 이제 그 시절을 기억하는 사람들 대부분이 역사 속으로 사라진 지 오래였다.

이 극장에는 피에르와 이반이라는 두 낭만파 노인이 살았는데, 이들 역시 레젠다와 함께 저물어가는 한 시대의 황혼기를 용케 버텨내고 있었다.

"이보게 피에르, 자네 그거 아나? 이젠 관객보다 쥐들이 더 자주 들락거린다네."

"좋은 일이야, 이반. 이 극장이 점점 자연을 닮아간다는 뜻이니까. 사람의 흔적이 자연을 닮아갈수록 전설이 되는 것 아니겠나?"

세월이 지나간 자리에는 어김없이 주름살이 남듯이 극장 곳곳에도 쩍쩍 금이 가고, 검버섯처럼 구멍이 생겼다. 피에르는 이 모든 것이 극장의 이름처럼 전설이 되어가는 과정이라고 생각했다.

사실 피에르와 이반은 전쟁 당시 폭격 속에서 레젠다가 어떻게 살아남았는지를 기억하는 마지막 세대였다. 폭탄이 극장 주변을 온통 불바다로 만들 무렵, 피에르는 침몰하는 배의 선장처럼 무대 위에서 홀로 바흐를 연주하고 있었다. 그리고 그 선율에 이끌려 극장으로 들어서는 바람에 간신히 목숨을 건진 사람이 있었으니 그가 바로 이반이었다.

두 사람은 그때부터 자신의 운명을 레젠다의 품에 맡기고 평생 독신으로 살아왔다. 피에르에게는 세월이 아무리 흘러도 결코 변하지 않는 꿈이 하나 있었다.

"두고 보게, 이반! 내 죽기 전에 미하엘 안드리치 같은 대연주자를 꼭 데려올 테니."

세계적인 바이올린 거장을 다 쓰러져가는 레젠다의 무대에 세우겠다는 그 뜨겁고 숭고한 사명감이야 그렇다 치더라도, 당장의 운영 자금조차 마련하지 못해 전전긍긍하는 사정은 실로 딱하지 않을 수 없었다.

긴 세월 동안 수많은 위기가 닥칠 때마다 매번 레젠다를 구해낸 당사자는 사실 이반이었다. 나름 실리적이었던 그는 이 마을이 예전처럼 번성할 기미가 전혀 없다는 사실을 일찌감치 간파하고, 음악 공연 대신 서커스나 삼류 통속 연극 따위를 주로 무대에 올리곤 했다. 심지어 권투 경기를 개최한 적도 있었는데 그때 거둬들인 입장료가 아니었다면 밀린 세금을 도저히 감당할 수 없었을 것이다. 수백 석 규모의 극장을 반으로 뚝 잘라 개조한 뒤 임대 사업을 시작한 것도 이반이었다. 덕분에 간신히 고정적인 수입이 생기긴 했지만, 우아했던 레젠다의 절반이 정육점, 제과점,

신발가게로 변해버리고 만 것에 대해 피에르는 두고두고 욕을 퍼붓곤 했다.

"이반, 이 늙은 속물! 자네는 레젠다의 품격을 형편없이 망가뜨렸어!"

"얼씨구, 나 아니었으면 레젠다고 뭐고 애초에 파산했을걸?"

피에르는 틈만 나면 이반의 저속한 처세술을 비판했고, 이반은 이반대로 허구한 날 백일몽만 꾼다며 피에르를 비웃었다. 그렇게 한바탕 다투고 나서 피에르는 텅 빈 무대 위에 쭈그리고 앉아 싸구려 술을 마시며 화려했던 지난날을 그리워했고, 이반은 돈이 될 만한 아이디어를 찾기 위해 마을의 선술집을 전전하곤 했다.

사실 이반이 그저 돈 타령만 하는 늙은이가 아니라는 것은 피에르도 잘 알고 있었다. 이반에게는 누군가를 설득하는 특별한 능력이 있었다. 그는 적은 돈으로 큰 행사를 치를 줄 알았고, 아무리 완강하게 반대하는 사람이라도 끝내 마음을 돌려놓을 줄 알았다. 피에르는 이반의 그런 능력이 없었다면 레젠다를 지켜내지 못했을 거라는 사실을 인정하지 않을 수 없었다.

하루 종일 서로 으르렁대다가도 밤이 되면 두 사람은 극장의 아담한 다락방에 앉아 오래된 축음기에서 흘러나오는 아르페지오네 소나타를 들으며 옛 이야기를 나누었다. 그들의 입에 오르내리는 연주자들은 이제는 음악사의 한 페이지를 장식하는 역사적 인물이 되었지만, 레젠다의 마지막 수호자인 두 노인에게는 마치 방금 악수를 나눈 사이처럼 여전히 현실적인 존재들이었다.

하지만 피에르와 이반은 이제 자신들의 시간이 서서히 무대 뒤로 물러나고 있다는 사실을 잘 알았다. 다만 사라질 때 사라지더라도 레젠다의 영광을 재현해보려는 마지막 꿈만큼은 꼭 이뤄내고 싶었다. 객석 가득 관객이 들어찼던 게 언제였나?

대규모 오케스트라가 레젠다의 무대 위에서 베토벤과 바그너를 우렁차게 연주했던 게 언제였던가? 마지막으로 그때의 갈채와 함성을 레젠다에게 선사하기 위해 두 노인은 백발이 성성한 나이에도 여전히 극장을 지키고 있었다. 피에르는 그들의 변함없는 노익장을 저녁노을에 비유하기도 했다.

"노을이 아름다운 건 태양이 마지막 순간까지 최선을 다해 빛나기 때문이지."

레젠다에서 연주회가 열리는 것은 이제 드문 일이 되었지만, 그래도 가끔은 베토벤이나 드보르작의 선율이 울려 퍼져 쥐들을 깜짝깜짝 놀라게 하기도 했다. 이 이야기의 본론이 시작되는 그날 저녁에도 무대 위에서는 베토벤의 소품이 연주되고 있었다. 하지만 피에르는 두어 곡이 끝날 즈음 슬며시 홀을 빠져나오고 말았다. 무대 위의 두 연주자는 텅 비다시피 한 관객석을 아예 반쯤 등진 채 지금 막 주제 선율로 접어든 참이었다.

'크로이체르 소나타를 저렇게 미지근하게 연주하다니, 평생 연애를 해본 적이 없나 보군.'

답답해진 피에르는 찬바람을 쐬고 싶어 극장 밖으로 나왔다. 극장 입구의 낡은 의자에는 먼저 나온 이반이 포켓 위스키를 홀짝이며 앉아 있었다. 피에르와 눈이 마주치자 이반은 술병으로 어느 한곳을 가리키며 말했다.

"저 녀석, 도대체 뭘 하고 있는 센가?"

아닌 게 아니라 웬 누더기 차림의 소년이 극장 벽에 거머리처럼 찰싹 달라붙어 있었다. 차가운 벽에 귀를 바싹 붙인 채 들릴 듯 말 듯한 미세한 선율을 훔쳐 듣는 모습이었다. 피에르는 잔뜩 호기심이 생겨 소년에게 살금살금 다가갔다. 그 순간 피에르는 소년의 왼쪽 손가락이 현란하게 움직이는 것을 보고 깜짝 놀랐다.

'연주를 따라 하고 있구나!'

1악장이 끝난 뒤에야 소년은 살며시 눈을 뜨더니 대뜸 이렇게 말했다.

"둘이 서로 사랑하는 것 같지 않아요."

"누가?"

"바이올린하고 피아노요."

"왜 그렇게 생각하니?"

"1악장은 서로 울면서 싸우는 시간이거든요. 너무 사랑하기 때문에 싸우는 거예요. 하지만 그게 안 느껴져요."

그사이 2악장이 시작되자 소년은 다시 귀를 벽에 붙였다. 피에르는 어이가 없었다. 극장 안에는 객석이 거의 텅 비어 있지 않은가? 정작 음악을 들어야 할 녀석은 벽을 통해 간절히, 이다지도 간절히 엿듣고 있는데.

피에르는 소년의 손을 잡고 극장 안으로 들어갔다. 이반은 고개를 절레절레 흔들며 술병만 기울이고 있었다. 피에르는 홀 안으로 들어서자마자 소년을 맨 앞자리에 앉힌 뒤 연주가 모두 끝날 때까지 쭉 지켜보았다. 크로이체르 소나타에 이어 비탈리, 비에니아프스키, 사라사테의 곡들이 연이어 흐르는 동안 소년은 열심히 손가락을 움직이며 선율에 심취해 있었다. 피에르는 연주가 끝나기를 기다려 소년에게 물었다.

"이름이 뭐니?"

"한스요."

"한스, 바이올린을 켜볼래?"

◆◆◆

피에르는 먼지 쌓인 케이스에서 자신의 낡은 바이올린을 꺼내어 한스에게 건넸다. 하지만 기대와 달리 한스의 주법은 기본기부터 엉망이었다. 손가락 위치나 활을 쥐는 법조차 제멋대로인 데다 음이 틀리는 일도 허다했다. 게다가 녀석의 손은 마치 산전수전 다 겪은 어른의 손처럼 거칠고 투박했다. 멀찌감치 서서 구경하던 이반은 역시나 하는 표정으로 고개를 흔들며 방을 나가버렸다. 하지만 피에르의 귀는 이반의 귀와 달랐다. 그는 소년의 연주에서 무언가 평범하지 않은 느낌을 받았다.

'이 녀석, 도대체 누굴 위해 연주하는 거지?'

한스가 드보르자크의 유모레스크를 연주하는 동안 피에르는 그 명랑하고 따뜻한 곡에서 왠지 모를 슬픔을 느꼈다. 장조의 선율에서는 단조의 느낌이, 그리고 단조의 선율에서는 오히려 장조의 느낌이 배어나는 이상한 연주였다.

"바이올린은 누구한테서 배웠느냐?"

그러자 한스는 손가락으로 하늘을 가리키며 "엄마"라고 대답했다. 한스는 병으로 세상을 떠난 엄마가 그리워 바이올린을 켠다고 했다. 바이올린을 켤 때만큼은 엄마 품에 안긴 느낌이라는 얘기도 덧붙였다.

"그러니까 바이올린으로 엄마와 이야기를 나누는 게로구나."

무뚝뚝하던 한스의 얼굴에 그제야 미소가 살짝 생겨났다.

그날 밤 피에르는 밤늦도록 잠을 이루지 못했다. 밤새 뒤척거리던 그는 날이 밝자마자 이반에게 말했다.

"이보게 이반, 나 말일세, 한스 녀석을 제대로 키워보고 싶네."

"말도 안 되는 소리 집어치우게."

한스가 나타난 후 피에르와 이반의 일상이 아다지오에서 비바체로 바뀌듯 새로운 악장으로 넘어가기 시작했다. 피에르는 새로운 꿈을 꾸게 되었고, 이반은 그것이 허황된 꿈이라며 잔소리를 해대기 일쑤였다.

"녀석은 그저 가난한 농부의 아들일 뿐이야. 바이올린이라니, 당치도 않아."

이반의 말대로 한스는 하루 종일 아버지 곁에서 밭을 갈았다. 이따금 말을 끌고 마을을 돌아다니며 염소젖이나 달걀을 팔기도 했다. 간혹 짓궂은 녀석들이 몰려와 돌을 던지며 놀릴 때도 있었는데 그때마다 한스는 이리저리 날뛰는 말을 진정시

키느라 고삐를 꽉 움켜쥐어야 했다. 피에르는 애가 탔다.

'저 손은 고삐를 잡고 있을 손이 아닌데, 바이올린을 잡고 있어야 하는데.'

며칠 동안 한스의 뒤를 밟던 피에르는 녀석이 밤마다 헛간에서 몰래 바이올린을 켠다는 사실을 알게 되었다.

한스는 행여 잠든 아버지가 깰까 봐 커다란 짚 더미 속에 자그마한 공간을 만들어놓고 그 안에서 바이올린을 켰다. 내내 한스를 엿보던 피에르는 마침내 헛간 문을 살며시 열고 안으로 들어섰다.

그는 마치 유령이라도 만난 것처럼 놀라는 한스를 다독이며 짚 더미 속으로 들어갔다.

"바이올린이 많이 낡았구나."

한스가 들고 있는 것은 여기저기 접착제로 붙인, 그야말로 누더기 바이올린이었다.

"아빠가 집어던졌거든요."

"네 아빠는 바이올린 소리를 싫어하니?"

한스는 고개를 끄덕였다.

"네 엄마 생각이 나서 그럴 게다."

한스는 또 고개를 끄덕였다. 피에르는 한스의 어깨를 한참 쓰다듬다가 조용히 말했다.

"이 헛간에서는 제대로 연습할 수가 없단다. 내일부터 극장에서 연습하렴."

'뭔가 단단히 잘못돼가고 있는 게 분명해.'

이반은 밤마다 무대에서 들려오는 희미한 바이올린 소리에 잠을 설쳤다. 한스가 드나들면서부터 이반은 자신이 가장 소중하게 여겨왔던 밤을 빼앗겨버린 셈이었다. 이제 오래된 축음기를 틀어놓고 조용히 차를 마시며 피에르와 이야기를 나누는 시간이 사라진 것이다. 피에르는 늦은 밤 한스가 돌아간 뒤에야 어슬렁어슬렁 들어와 조용히 잠자리에 들곤 했다. 이반은 평화로운 저녁뿐만 아니라 오랜 친구마저 잃어버린 느낌이었다.

이반이 상실감에 젖어 있는 것과 달리 피에르는 많은 것을 얻은 듯 전에 없이 활기차게 하루를 보냈다. 웬만하면 잘 움직이지 않던 그가 300킬로미터 떨어진 도시까지 마다하지 않고 달려간다는 것은 정말 드문 일이었다.

"마르셀, 이 바이올린을 고쳐주게."

그는 오래전부터 알고 지낸 악기상에게 한스의 부서진 바이올린을 내밀었다.

"아이고, 어떤 야만인이 이런 명품을 박살 냈단 말인가?"

"고칠 수 있겠지?"

"시간이 꽤 걸리겠구먼."

"고쳐만 주게."

사실 피에르는 자신의 바이올린을 한스에게 주려고 했지만 한스는 엄마의 바이올린을 고집했다.

"알았다. 그럼 바이올린을 수리할 때까지 내 걸로 연습하렴."

피에르는 한스의 독특한 주법을 사랑했다. 한스는 어린 나이에도 소리를 어떻게 내야 하는지 본능적으로 알고 있었다. 다만 기본적인 스킬이 부족할 뿐이었다. 이반이 피에르에게 불만을 품은 것도 바로 그 점이었다.

"피에르, 이 멍청한 늙은이야! 정말로 한스 그 녀석에게 가능성이 있다고 보는 겐가? 귀가 멀어도 한참 멀었군."

"귀가 먼 건 자넬세. 아니, 귀만 먼 게 아니라 가슴도 멀었어. 소리 너머에 있는 진짜 소리를 들어보란 말일세."

하지만 이반은 그 말을 이해하지 못했다. 그는 음악을 사랑한다고 자부했지만 사실 엄밀히 말하면 음악이 있는 분위기를 사랑할 뿐 피에르만큼 전문적인 감식력을 지닌 것은 아니었다. 전에는 이런 차이가 아무런 문제가 되지 않았다. 그러나 한스가 오면서부터 둘 사이의 틈이 조금씩 벌어지기 시작한 것이다. 처음에는 미세한 균열에 불과했던 그 틈은 피에르의 돌발 선언으로 눈에 띄게 벌어졌다.

"내 계획을 말해주지. 때가 되면 한스를 음악원에 보낼 생각이네."

이반은 펄쩍 뛰었다.

"미쳐도 단단히 미쳤군. 돈도 없는 주제에."

"그래서 말인데, 우리 노후 자금으로 모아둔 돈에서 내 몫을 미리 떼어주면 안 되겠나?"

이반은 평생지기의 그 한마디에 너무도 큰 상처를 입고 말았다. 피에르가 말한 노후 자금은 둘이서 유럽 일주를 하기 위해 틈틈이 모아온 돈이었다. 결국 피에르는 어느 날 갑자기 굴러온 누더기 소년을 위해 친구와 약속했던 행복한 노후를 포기하 겠다는 얘기였다.

그날 밤 이반은 늘 그렇듯 무대에서 들려오는 바이올린 소리를 들으며 깊은 생 각에 잠겼다. 그는 더 이상 피에르가 하는 짓을 그냥 내버려둘 수가 없었다.

'어떻게 하면 저 바보 같은 늙은이가 정신을 차릴까?'

밤새 고민하던 이반은 날이 밝은 무렵에야 기어이 방법을 생각해냈다.

한스의 아버지 뮐러 씨는 이반의 말을 듣자마자 얼굴이 붉게 달아올랐다. 그는 거친 숨을 내쉬며 이반에게 말했다.

"그럼 지금 그 녀석이 레젠다 극장에서 바이올린을 켜고 있단 말입니까?"

이반이 고개를 끄덕이자 뮐러는 벌떡 일어나 옷을 챙겨 입었다. 함께 마차를 타 고 밤길을 달리는 동안 이반은 자신의 행동에 대해 다시 한 번 생각해보기 시작했다.

'이게 정말 잘한 일일까? 이 방법밖에 없었을까?'

피에르와 한스에게 못 할 짓을 한 건 아닌지 두렵기도 했다. 하지만 이반은 고 개를 세차게 저었다. 어차피 다 알게 될 일, 언제까지 숨겨둘 수도 없는 일을 미리 터 뜨렸을 뿐이다. 이반은 이렇게 해야만 피에르가 환상에서 깨어날 거라고 생각했다. 하지만 결과는 이반이 예상했던 것보다 훨씬 심각했다.

뮐러는 극장 문을 발로 차다시피 열고 들어갔다. 무대 위에서 피아노 반주를 하던 피에르는 엉겁결에 한스를 부둥켜안았다. 뮐러는 성큼성큼 걸어가더니 잔뜩 얼어붙어 있는 한스의 멱살을 거칠게 움켜쥐었다.

"한 번만 더 바이올린을 잡으면 어떻게 된다고 했지?"

"자, 잘못했어요. 용서해주세요."

뮐러는 멱살을 쥔 채 한스를 끌고 나갔다.

"이보시오, 내 말 좀 들어보시오."

피에르가 팔을 붙잡으려 하자 뮐러는 거칠게 떠밀었다. 그 바람에 피에르는 엉덩방아를 찧고 말았다.

"이 녀석한테 헛된 꿈을 심어줄 생각일랑 집어치우쇼! 다시 또 이런 일이 생기면 그땐 가만두지 않겠소!"

피에르는 뮐러에게 끌려가는 한스의 눈에서 절망을 보았다. 그리고 객석 뒤에서 이 모든 광경을 지켜보던 이반은 피에르의 눈에서 또 다른 절망을 보았다. 한 차례 소동이 끝난 뒤 피에르는 바닥에 떨어진 바이올린을 주워 들며 저만치 서 있는 이반에게 말했다.

"이반, 자네를 용서할 수 없을 것 같네."

계절이 두 번 바뀌었지만 레젠다의 문은 여전히 굳게 닫혀 있었다. 드문드문 열리던 공연마저 잠잠해졌고, 바람에 실려 온 마른 먼지와 낙엽만이 극장 주변을 이

리저리 뒹굴었다. 입구에는 '내부 사정으로 잠시 휴관합니다'라는 팻말이 달그락달그락 바람에 날리고 있었다.

그사이 피에르는 눈이 퀭하니 들어가고 볼살이 쏙 빠지면서 눈에 띄게 늙어가고 있었다. 그는 하루 종일 극장 테라스에 우두커니 앉아 있거나 텅 빈 객석과 무대를 배회하곤 했다. 이따금 이반과 마주칠 때도 그는 마치 성가신 장애물을 대하듯 이반을 멀찌감치 돌아갔다.

"이보게 피에르, 내가 잘못했네. 제발 용서해주게."

이반은 단지 피에르가 미몽에서 깨어나기만을 바랐지만, 그 여파가 의외로 길게 이어지자 비로소 자신의 행동을 후회하기 시작했다.

한스의 발길이 끊어진 뒤로 피에르는 모든 일에 흥미를 잃었고, 식사를 거르는 일도 잦았다. 이반은 비록 허황한 꿈을 꿀지언정 피에르가 다시 예전처럼 활기를 되찾기만 바랐다. 떨어지는 낙엽을 보며 한숨만 내쉬는 것보다는 기필코 미하엘 안드리치를 무대에 세우겠다며 큰소리 뻥뻥 치던 허풍선이 늙은이가 차라리 나았다.

"피에르, 도대체 내가 어떻게 하면 좋겠나? 다시 가서 한스 녀석을 데려올까? 하지만 생각해보게. 한스가 음악 신동은 아니잖나. 그 우락부락한 뮐러를 설득하고, 게다가 자네 전 재산을 쏟아서 키울 만큼 재능이 특출한 아이는 아니란 말일세!"

그러나 피에르는 표정 없는 눈동자로 이반을 멍하니 바라보기만 했다. 이반은 속이 터질 지경이었다.

어느 날 밤, 이반은 난데없이 들려오는 바이올린 소리에 잠에서 깨고 말았다. 무대에서 들려오는 소리였다. 등불을 들고 내려가 문을 열자 피에르의 모습이 보였다. 이반은 숨죽인 채 무대를 바라보았다. 피에르는 오래전 폭격이 있던 그날처럼 바흐의 파르티타를 연주하고 있었다. 이반은 등불을 끄고 객석에 앉아 오랜 친구의 연주를 감상하기 시작했다. 하지만 선율이 격정으로 치닫기 직전, 피에르는 연주를 뚝 멈추고는 마치 모노 드라마의 배우처럼 어둠 속의 이반을 향해 입을 열었다.

"이 곡의 생명은 절실함이지. 절실함을 느낄 수 없다면 이 곡은 실패야. 그래서 나는 이 곡을 제대로 연주한 적이 평생 한 번밖에 없다네."

피에르는 바이올린을 피아노 위에 올려놓고 털썩 주저앉았다.

"한스를 처음 봤을 때 녀석은 벽에 귀를 대고 음악을 엿들었네. 벽으로 전해지는 음을 따라 움직이던 그 손가락이 파르르 떨리는 걸 보는 순간, 나는 녀석의 그 간절함에 질투를 느꼈지. 폭격 속에서 연주하던 그때 이후로 한 번도 가져본 적 없었던 그 절실함이 너무도 부러웠어. 이반, 자네는 그런 열정을 가져본 적이 있나? 그런 설렘을 느껴본 게 언제였지? 나는 한스에게서 굉장한 가능성을 보았다네. 기교? 그런 건 얼마든지 배울 수 있지. 하지만 그런 절실함은 쉽게 얻을 수 없다네. 한스와 함께 지내는 동안 나는 비로소 살아 있다는 느낌을 느낄 수 있었어. 이반, 우리는 한스를 잃은 게 아니라 절실함을 잃어버린 게야. 영혼의 떨림 말일세."

어둠에 잠긴 객석에서 이반은 한동안 움직일 줄을 몰랐다. 무대 위에서는 평생을 함께 늙어온 친구의 연주가 끊일 듯 이어지고 있었다. 그것은 선율이 아니라 무언가를 애타게 잡고 싶어 하는 간절한 몸짓이었다.

다음 날 동이 트기도 전에 이반은 자리에서 일어나 여장을 꾸리기 시작했다. 극장 문을 나서기 전, 그는 쪽지를 적어 피에르의 머리맡에 놓아두었다.

'레젠다에서 공연할 새로운 연주자를 찾으러 떠나네. 긴 여행이 될 거야.'

계절이 또 한 번 바뀌었다. 피에르는 '휴관'이라고 적힌 팻말을 내리고 극장 문을 활짝 열었다. 겨울나기를 위해 대청소를 시작한 그날까지도 이반의 모습은 보이지 않았다. 연주자를 찾으러 떠난 지 벌써 두 달 가까이 흘렀지만 그는 여전히 감감무소식이었다. 그 무렵 믿기 힘든 소문이 마을을 휩쓸고 있었다. 그 소문을 처음 접했을 때 피에르는 피식 웃고 말았다.

"미하엘 안드리치가 이 마을에 온다고? 레젠다에서 연주회를 가진단 말이지? 허허, 금시초문일세."

피에르가 사실무근이라고 아무리 얘기해도 소문은 제멋대로 퍼져 나갔다. 평소에는 연주회에 전혀 관심 없던 사람들조차 미하엘 안드리치가 온다는 소문에는 사뭇 들떠 있었다. 입에서 입으로 옮겨갈수록 소문은 점점 사실처럼 변해가기 시작했다. 이젠 피에르마저도 긴가민가하게 되었다.

'설마 이반이? 정말 공연을 성사시킨 걸까?'

이반으로부터 한 통의 전보가 날아온 것은 바로 그 즈음이었다. 전보에는 다음 달에 미하엘 안드리치가 레젠다에서 독주회를 열기로 했다는 내용이 적혀 있었다. 더 놀라운 것은 이번 공연을 문화적 소외 지역에 대한 자선 행사로 개최할 것이며, 출연료도 일체 받지 않기로 합의했다는 내용이었다.

'한 푼도 들이지 않고 미하엘을 불러온단 말인가?'

피에르는 도저히 믿을 수가 없었다. 일 년 내내 연주 일정이 빽빽하게 잡혀 있는 세계 최고의 연주자가 이 작은 마을에서 출연료도 받지 않고 연주를 한다는 것은 꿈에도 상상할 수 없는 일이었다. 미하엘을 레젠다의 무대에 세우는 것이 인생의 마지막 목표라고 늘 입버릇처럼 말하던 피에르였지만, 막상 그 일이 현실로 닥치자 정신이 몽롱해질 지경이었다.

'아니야, 아니야! 그럴 리가 없어! 이반이 돌아오면 확실히 알 수 있을 거야.'

그러면서도 피에르는 극장 홀의 조명을 환하게 밝히고 무대 위로 올라갔다.

'그런데 어디서부터 어떻게 시작하면 좋을까?'

그의 머릿속에는 이미 무대 위에서 연주하는 미하엘 안드리치의 모습이 펼쳐지고 있었다. 피에르는 저녁 내내 무대와 객석을 혼자 오가며 차곡차곡 계획을 세우기 시작했다. 그러다 문득 한스가 생각났다.

'그래, 녀석을 꼭 불러야지!'

　다음 날 일찌감치 극장을 나선 피에르는 도시로 향하는 기차에 몸을 실었다. 악기상 마르셀을 만나러 가는 길이었다. 그는 이번 공연이 정말로 이루어진다면 반드시 뮐러와 한스를 귀빈으로 초청할 생각이었다.

　이런 시골 마을에서 세계적인 음악가의 연주를 본다는 건 그야말로 일생일대의 행운일 테니 무슨 일이 있어도 한스에게 이 기회를 선사하고 싶었다. 물론 뮐러의 반응이 걱정되긴 했지만 어떡하든 설득해서 객석에 앉히고야 말겠다는 각오였다. 일이 원하는 대로만 된다면 한스의 손에 다시 바이올린을 쥐어줄 수 있을 것이다. 피에르의 가슴이 뛰기 시작했다.

　"마르셀, 저번에 맡긴 바이올린을 찾으러 왔네."

　피에르는 문을 열고 들어서자마자 바이올린을 찾았다.

　"바이올린? 벌써 찾아가지 않았나?"

　"누가 말인가?"

　"누구긴, 이반이지. 새벽부터 문을 두드리는 바람에 어찌나 놀랐는지 원."

　피에르가 마르셀을 만나고 있을 무렵, 이반은 바이올린을 품에 안고 한스의 집을 찾아가는 중이었다. 빈 들판에는 서리가 하얗게 내려앉았다. 잠시 후 헛간 벽에 기대선 채 빈 들판만 바라보는 한스의 쓸쓸한 모습이 한눈에 들어왔다. 이반이 다가가 바이올린을 내밀자 한스는 두 손으로 받아 들더니 한참 동안 바이올린에 볼을 댄 채 정성스럽게 쓰다듬고만 있었다.

"한스야, 한 곡만 연주해주겠니?"

그러나 한스가 미처 대답하기도 전에 뒤에서 뮐러의 거친 목소리가 들려왔다.

"그 바이올린을 갖고 돌아가시오."

이반은 천천히 돌아서서 뮐러에게 말했다.

"제발 부탁이니 한 곡만 듣게 해주게."

"얼른 가시라니까."

이반은 긴 여행에 지친 듯 바위에 걸터앉더니 한숨을 내쉬었다. 그렇게 잠시 숨을 고른 뒤 뮐러를 향해 입을 열기 시작했다.

"피에르와 나는 전쟁 통에 가족을 죄다 잃은 후 지금까지 쭉 부부처럼, 형제처럼 살아왔다네. 평생 자식을 가져본 적이 없어 자네 마음을 다 이해하긴 힘들지만, 그래도 자기 슬픔 때문에 아이의 인생마저 불 꺼진 무대처럼 어둡게 만들어서야 되겠나? 누구에게나 극복해야 할 슬픔이 있는 법일세. 적어도 한스 저 아이는 슬픔을 이기려고 몸부림이라도 치고 있지 않은가. 그래, 내 친구 피에르가 좀 허황된 면이 없진 않네만, 평생토록 수많은 음악가를 만나본 그 늙은이가 자네 아들 한스에게 남은 인생을 죄다 걸었다네. 난 당최 알 수가 없어. 한스 이 녀석의 바이올린 소리에 도대체 어떤 힘이 있기에 그토록 감탄하는지 말일세. 그래서 딱 한 번만이라도 한스의 연주를 제대로 들어보고 싶은 게야. 그러니 이 늙은이의 소원을 들어주지 않겠나?"

"한스를 음악가로 키우고 싶진 않소. 특별한 재능도 없는 녀석한테 괜히 헛바람이나 넣고 싶지 않단 말이오."

"그래, 내 생각도 같다네. 나도 피에르한테 똑같이 말했지. 그런데도 그 친구는 한스를 음악원에 보내려고 남은 재산을 다 쏟아붓겠다는 거야. 자넨 궁금하지 않나? 한스의 연주가 정말 어떤지 말일세. 그러니 딱 한 번만 들어보세. 그리고 아니다 싶으면 나도 조용히 떠나겠네. 다시는 귀찮게 하지 않을 걸세."

세 사람 사이에 잠시 침묵이 흘렀다. 돌처럼 굳어 있던 뮐러의 표정이 살짝 풀리는가 싶더니 한스에게 눈길을 보냈다. 한스는 바이올린을 어깨에 걸치고 턱으로 살짝 괸 뒤 활을 치켜들었다. 첫 음이 시작되자마자 이반은 온몸에 전율을 느꼈다. 아주 오래전, 폭탄이 빗발치던 그날 레젠다의 무대 위에서 피에르가 연주했던 바로 그 곡이었다. 연주가 이어지는 동안 그는 수십 년의 세월을 거꾸로 거슬러가고 있었다. 이반은 그제야 피에르의 마음을 알 것 같았다.

오후 늦게 피에르가 돌아왔을 때 극장 문은 열려 있었고, 낯익은 마을 청년들이 입구에 모여 웅성거리고 있었다.

"왜들 모여 있는 게야?"

"미하엘 안드리치가 여기서 연주를 한다고 들었습니다. 그래서 저희도 공연 준비를 도와드릴까 해서요. 뭐든 시켜만 주세요."

그때 극장 안에서 바이올린 소리가 들려오기 시작했다. 피에르는 깜짝 놀라 홀

안으로 달려갔다. 청년들도 그를 따라 우르르 몰려갔다. 무대 위에서 바이올린을 켜고 있던 한스는 피에르를 보자마자 "할아버지!" 하고 소리치며 달려왔다. 피에르는 친손자인 양 한스를 품에 안았다. 객석 한쪽에서는 이반이 청년들에게 뭔가를 지시하고 있었다.

"자네 둘은 무대 뒤에 있는 대기실을 청소해주게. 그리고 거기 미셸! 자넨 동생들 데리고 건물 외벽을 살펴봐. 부서진 데가 많을 테니 손질 좀 해주게. 솜씨 한번 믿어보겠네."

청년들이 이리저리 흩어지자 피에르는 이반에게 다가갔다.

"이 도깨비 같은 늙은이야, 이제 다 털어놔봐. 도대체 뭐가 어떻게 돼가고 있는 겐가?"

"미하엘 안드리치가 순회공연을 하는 동안 죽자 살자 매니저만 졸졸 따라다녔지. 한 달 동안 술도 사주고 밥도 사주면서 말일세. 그래서 간신히 승낙을 받아냈지 뭔가."

"난 아직도 믿기지가 않네. 한스는 또 어떻게 데려왔나?"

그러자 이반은 한스의 머리를 쓰다듬으며 미소를 지었다.

헛간 앞에서 한스의 연주를 듣는 동안 눈물을 흘린 것은 이반뿐만이 아니었다. 연주가 클라이맥스로 치달을 즈음, 이반은 덩치가 곰만 한 밀러의 어깨가 기어이 들썩이는 것을 보았다. 헛간 앞 텅 빈 들판 위로 곰 같은 사내의 흐느낌이 이어지는 동안 이반에게 새로운 계획이 떠올랐다.

"어떤 계획 말인가?"

피에르가 물었다.

"미하엘의 공연 중간에 한스의 짤막한 연주를 끼워 넣을 생각일세. 이를테면 거장의 방문에 대한 일종의 보답인 셈이지. 마을을 대표하는 어린 연주자가 세계적인 거장을 위해 연주하는 거야. 어때, 괜찮지 않나?"

"괜찮은 정도가 아니지. 이반, 자넨 천재야!"

피에르가 이반을 향해 엄지손가락을 치켜들었다.

기념비적인 공연을 차곡차곡 준비해가던 한 달 동안 마을은 그 어느 때보다 활기가 넘쳤다. 사람들은 너나 할 것 없이 거리로 나와 쓰레기를 줍고, 때 묻은 가로등을 닦았다. 마을의 페인트공과 목수들은 이반과 함께 낡고 허름한 극장이었던 레젠다를 새롭게 단장했다. 그사이 피에르와 한스는 공연 때 연주할 두 곡을 집중적으로 연습하고 있었다. 이따금 밀러가 찾아와 아들이 연습하는 모습을 한참 바라보기도 했다. 하루하루 시간이 갈수록 레젠다는 오래전 화려했던 전성기 때의 모습을 찾기 시작했다. 피에르와 이반은 밤마다 축음기를 틀어놓은 채 다가올 공연에 대한 이야기로 잠을 잊었다.

그러나 좋은 일에는 꼭 탈이 생기기 마련이듯 공연을 일주일 앞둔 날부터 난데없이 폭설이 내리기 시작했다. 사람들은 이 눈이 하루 이틀 지나면 반드시 그치리라 믿었다. 하지만 이번 눈은 훗날 유럽의 기상 재앙이라 불릴 만큼 유례없는 폭설이었다. 나흘째 되는 날 눈은 허벅지까지 쌓였고, 다음 날은 허리까지 푹 파묻혔다. 피에르와 이반은 극장의 테라스에 나와 눈 덮인 마을을 보며 한숨만 내쉬었다.

공연 하루 전날, 라디오에서 폭설 피해를 입은 전 지역에 대해 통행금지를 실시한다는 뉴스가 흘러나왔다. 마을은 눈보다 무거운 침묵에 푹 파묻히고 말았다. 이반은 하늘을 쳐다보며 탄식했다.

"오, 하느님! 참 너무하십니다."

공연 당일, 마을은 지붕만 남긴 채 온통 눈에 덮여 있었다. 사람들은 모두 집 안에 틀어박혀 꼼짝도 하지 않았고, 극장 레젠다의 무대와 객석은 섬뜩하리만치 적막했다. 공연을 두 시간 앞두고 미하엘의 매니저로부터 예상치 못한 천재지변으로 인해 공연이 불가능하다는 연락이 왔다. 이반은 다음 기회에 꼭 연주해달라는 부탁을 잊지 않았다.

"가슴 아픈 일이지만 그래도 참 행복한 시간이었네."

피에르는 그동안 이반이 보여준 대활약을 칭송하는 의미로 아껴둔 위스키를 꺼내 잔을 가득 채웠다. 그때 극장 문을 쾅쾅 두드리는 소리가 들렸다. 피에르가 달려가 문을 열자 놀랍게도 한스와 밀러가 눈을 뒤집어쓴 채 서 있었다.

"아니 대체 여기까지 어떻게 온 게냐?"

한스는 바이올린 케이스를 꼭 껴안은 채 가쁜 숨만 내쉬었다. 밀러는 아들의 머리와 어깨를 탁탁 털며 말했다.

"이 녀석 인생의 첫 연주를 포기할 수는 없으니까요."

피에르는 꽁꽁 얼어버린 한스의 손을 꼭 쥐었나. 이반은 난로에 나무토막을 마구 집어넣기 시작했다.

◆◆

늦은 밤, 객석에는 피에르와 이반, 뮐러 이렇게 세 명의 관객이 나란히 앉아 무대를 지켜보고 있었다. 연미복 차림의 한스가 무대 중앙으로 걸어 나와 꾸벅 인사를 했다. 세 명의 관객은 일제히 박수를 쳤다. 한스는 연주에 앞서 날마다 연습해둔 인사말을 꺼냈다.

"피에르 할아버지와 이반 할아버지, 두 분의 영원한 우정을 위해 이 곡을 바칩니다."

곧이어 연주가 시작되자 피에르는 자기도 모르게 이반의 손을 꽉 쥐었다. 레젠다의 홀 안으로 어린 바이올리니스트의 뜨거운 선율이 맴돌기 시작했다. 피에르는 이대로 시간이 멈춰버려도 좋겠다고 생각했다.

끝없이 내리던 눈도 서서히 그쳐가던 그 시각, 피에르와 이반은 더 이상 아무도 찾아올 리 없는 레젠다의 작은 광장 앞으로 한 대의 스노모빌이 다가오고 있다는 사실을 꿈에도 상상하지 못했다. 스노모빌이 극장 입구에 멈춰 서자 누군가 바이올린 케이스를 들고 내리더니 고개를 들어 극장을 훑어보았다. 곧이어 그는 홀 밖으로 흘러나오는 바이올린 소리에 잠시 귀를 기울이더니 이내 문을 열고 들어섰다.

객석 맨 앞자리에 앉은 세 명의 관객은 아무것도 모른 채 소년의 연주에 넋을 빼앗긴 상태였다. 연주가 모두 끝난 뒤에도 관객들은 박수를 치는 것조차 잊고 있었다. 정작 박수 소리는 객석 뒤에서 들려왔다. 무대 위의 어린 연주자와 세 명의 관객이 동시에 뒤를 돌아보았다. 박수를 치며 걸어오는 사람은 다름 아닌 미하엘 안드리치였다. 얼이 빠진 듯 멍하니 앉아 있는 세 명의 관객을 향해 미하엘이 입을 열었다.

"레젠다, 여길 얼마나 다시 와보고 싶었는지 모르실 겁니다."

미하엘은 바이올린을 든 채 무대 위로 올라가 한스에게 깍듯이 악수를 청했다.

"훌륭한 연주였습니다. 성함을 여쭤봐도 될까요?"

"한스예요."

"한스, 내가 꼭 너만 했을 때 아버지를 따라 이 극장에 왔었단다. 레젠다는…… 내 음악 인생이 시작된 곳이란다. 너처럼 말이야."

미하엘과 한스가 악수를 나누는 동안 세 명의 관객은 그제야 정신을 차리기 시작했다. 잠시 후 미하엘이 한스에게 말했다.

"다음 곡이 뭔지 물어봐도 되겠니?"

"전설이요. 비에니아프스키의 전설."

"기막힌 선택이구나. 괜찮다면 이 극장을 위해 함께 연주해볼까? 내가 피아노 파트를 맡고 싶구나."

두 명의 연주자가 객석을 향해 인사를 한 뒤 삼시 튜닝 시간을 가졌다. 곧이어

미하엘의 바이올린 반주가 흘러나왔다. 용의 입김처럼 신비로운 안개 속에서 희미한 여명 같은 전설의 선율이 피어나는가 싶더니 한스의 연주가 마중을 나오기 시작했다.

두 사람의 연주는 마치 신과 인간이 함께 어우러져 살던 고대의 신화를 재현하는 듯했다. 몽롱하면서도 구슬픈 단조의 선율이 마침내 장조로 돌변하는 순간, 미하엘과 한스의 눈이 마주쳤다. 두 사람은 약속이나 한 것처럼 어깨를 흔들며 춤을 추듯 활을 놀리기 시작했다. 객석의 관객들은 이미 전설 속으로 들어간 바이올린 듀엣의 신들린 연주에 넋을 잃고 있었다.

흰 눈이 세상을 뒤덮던 그날 밤, 전설이라는 이름을 가진 극장 레젠다에서는 꿈결처럼 새로운 전설이 탄생하고 있었다.

시골 극장 레젠다

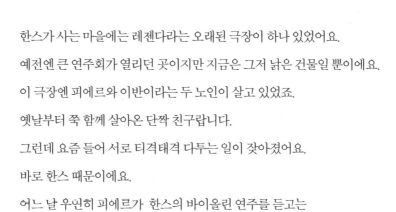

농부의 아들인 한스는 엄마가 보고 싶을 때마다

몰래 헛간에 숨어 바이올린을 켜곤 했어요.

아버지가 바이올린을 절대로 못 켜게 했거든요.

아버지는 바이올린 소리만 들으면

하늘나라로 떠난 아내가 떠올라 눈물이 났기 때문이에요.

한스가 사는 마을에는 레젠다라는 오래된 극장이 하나 있었어요.

예전엔 큰 연주회가 열리던 곳이지만 지금은 그저 낡은 건물일 뿐이에요.

이 극장엔 피에르와 이반이라는 두 노인이 살고 있었죠.

옛날부터 쭉 함께 살아온 단짝 친구랍니다.

그런데 요즘 들어 서로 티격태격 다투는 일이 잦아졌어요.

바로 한스 때문이에요.

어느 날 우연히 피에르가 한스의 바이올린 연주를 듣고는 대뜸 한스를 음악가로 키우겠다고 나섰거든요.

이반은 한사코 반대했죠.

처음 본 아이를, 더구나 아이 아버지 몰래 음악가로 키우겠다니 반대할 수밖에요.

하지만 피에르는 밤마다 한스를 극장으로 데려와 바이올린을 가르쳤어요.

'아, 어떻게 하면 저 바보 같은 친구가 정신을 차릴까?'

이반은 매일매일 이 생각뿐이었어요.

어느 날 피에르가 극장의 낡은 객석에 앉아

한스의 연주를 감상하고 있을 때였어요.

갑자기 문이 벌컥 열리더니 한스의 아버지가 나타났지 뭐예요.

피에르는 한스가 아버지에게 먹살을 잡힌 채

극장 밖으로 끌려 나가는 모습을 멍하니 지켜볼 수밖에 없었어요.

그날 이후로 피에르는 이반에게 한마디도 하지 않게 되었죠.

한스의 아버지를 데려온 게 바로 이반이었거든요.

이반은 날마다 용서를 빌었지만,

피에르는 이불을 뒤집어쓴 채 꼼짝도 하지 않았어요.

이반은 일이 이렇게 커질 줄은 정말 몰랐어요.

그저 오랜 친구가 헛된 꿈에서 벗어나기만 바랐거든요.

이반은 어떡하든 친구의 마음을 돌려보려고 애쓰다가

어느 날 쪽지 한 장을 남긴 채 극장을 떠났어요.

쪽지에는 레젠다에서 공연할 새로운 음악가를 찾으러 간다고 적혀 있었죠.

가을이 지나고 첫눈이 내려도 이반은 돌아오지 않았어요.

그 무렵 마을에 이상한 소문이 돌기 시작했어요.

세계적인 바이올리니스트인 미하엘 안드리치가

레젠다에서 연주하게 될 거라는 소문이었죠.

피에르는 뜬소문이라며 피식 웃고 말았어요.

하지만 그건 뜬소문이 아니었어요.

이반이 돌아와 모든 게 사실이라고 말해주었거든요.

더 놀라운 건 미하엘의 연주회 때

마을 대표로 한스가 바이올린을 연주할 거라는 얘기였죠.

"이보게, 이반! 도대체 무슨 일이 있었던 겐가?"

이반은 피에르에게 자초지종을 들려주었어요.

사실 미하엘 같은 연주자를 이런 시골 극장으로 데려온다는 건

도저히 불가능한 일이었죠.

하지만 이반은 끈질기게 설득해서 마침내 약속을 받아냈어요.

이반은 오히려 미하엘을 설득하는 일보다

한스의 아버지를 설득하는 게 더 힘들었다고 했어요.

이반은 한스의 집을 찾아가 딱 한 번만

한스의 바이올린 연주를 듣게 해달라고 애원했대요.

한스의 아버지는 처음엔 들은 척도 하지 않다가

이반이 하도 절실하게 부탁하는 바람에 결국 딱 한 번뿐이라며 허락을 했죠.

그래서 한스는 이반과 아버지가 지켜보는 앞에서 바이올린을 연주했어요.

이반은 한스의 연주에서 남다른 슬픔과 엄마를 향한 애절한 그리움을 느꼈어요.

그제야 이반은 피에르가 왜 한스를 음악가로 키우고 싶어 했는지 알 것 같았죠.

한스의 연주에는 사람의 마음을 움직이는 힘이 있었던 거예요.

그리고 그 힘은 마침내 아버지의 마음까지 되돌려놓았죠.

피에르는 이반을 끌어안고 눈물을 흘렸어요.

이반이 얼마나 소중한 친구인지 새삼 깨달았거든요.

시골 극장 레젠다는 그 어느 때보다 흥겨운 분위기로 들썩였어요.

마을 사람들도 미하엘의 연주회를 간절히 기다렸죠.

하지만 슬픈 일이 생기고 말았어요.

연주회를 일주일 앞두고 퍼붓기 시작한 눈이

마을을 온통 하얗게 뒤덮었지 뭐예요.

사람 키보다 높게 쌓인 눈 때문에 꼼짝도 할 수 없게 된 거예요.

결국 연주회는 취소되고 말았죠.

피에르와 이반은 텅 빈 극장 안에서 깊은 한숨만 내쉬었어요.

그런데 그때 극장 문이 열리더니 한스가 나타났어요.

한스는 바이올린을 꼭 껴안은 채

아버지와 함께 눈 더미를 헤치고 달려온 거예요.

한스의 아버지는 피에르와 이반에게 이렇게 말했어요.

"내 아들의 첫 연주를 포기할 수는 없습니다."

늦은 밤, 시골극장 레젠다에서는 아름다운 바이올린 소리가 울려 퍼졌어요.

객석에는 피에르와 이반, 그리고 한스의 아버지밖에 없었죠.

하지만 한스에게는 수천 명의 관객보다 훨씬 많게 느껴졌어요.

미하엘 안드리치의 연주회를 열지 못한 아쉬움도 이미 사라지고 없었어요.

왜냐하면 무대 위에 미래의 위대한 바이올리니스트가 서 있었으니까요.

아빠의 생각보따리

"쉽게 포기하지 않는 아이로 자라렴."

피에르와 이반이 없었더라면 한스는 어떻게 됐을까?

레젠다의 무대 위에서 연주할 기회를 얻지 못하고,

바이올리니스트의 꿈도 끝내 포기하고 말았을까?

아빤 그렇게 생각하지 않아.

피에르와 이반이라는 은인을 만나게 된 것도

사실은 한스가 꿈을 포기하지 않았기 때문이거든.

꿈을 가진 사람에게 '우연'이란 없단다.

꿈을 향한 그 간절한 마음이 시들지 않는 한 언제든지

기적 같은 일이 벌어지게 돼 있어.

한스의 바이올린 소리가 피에르의 가슴을 움직이고,

마침내 이반과 아버지의 마음까지 움직인 것처럼 말이야.

꿈이란 이런 거란다.

내가 포기하지 않는다면 언제든, 어떻게든

이루어지는 게 바로 꿈이야.

그래, 엄마 아빠가 너를 품게 된 것도 우연이 아닐 거야.

또 앞으로 네가 커가는 동안 만나게 될 수많은 행운도

결코 우연이 아닐 거야.

그 모든 행운은 사실 너 스스로 만들어낸 거야.

회색
곰의
딸

회색
곰
의
딸

옛날 어느 깊은 숲에 둥가라는 곰 사냥꾼이 살았어. 그는 어릴 때부터 홀로 살아남기 위해 사냥을 시작했는데 커갈수록 점점 뛰어난 사냥꾼으로 변해갔지. 그러다 마침내 숲의 제왕인 곰들과 대적할 만큼 거칠고 강한 사나이가 된 거야.

어느 해인가 거대한 회색 곰이 마을로 내려와 사람들을 해친다는 소문이 돌기 시작했어. 천하의 곰 사냥꾼이 그런 소문을 듣고 가만있을 수야 있나, 당장 회색 곰을 찾아 나섰지.

회색 곰은 숲에 사는 곰들 중에서도 가장 크고 강할 뿐만 아니라 영리하기까지 했어. 그러니 쉽게 잡힐 리가 없잖아. 둥가조차도 거의 한 달 동안 발자국밖에 못 봤거든. 그러다 마침내 바위 동굴 앞에서 늑대 무리와 싸우고 있는 회색 곰을 보게 된 거야. 이미 수십 마리의 늑대를 혼자 상대하느라 상처도 꽤 많이 입은 상태였어.

'왜 도망치지 않지?'

둥가는 늑대들의 공격을 받으면서도 동굴 앞을 못 벗어나는 회색 곰이 미련하게 느껴졌지. 어쨌거나 둥가는 높은 나무에 올라가 싸움이 끝나기만 기다렸어. 마음속으로 늑대들을 응원하면서 말이야. 만일 늑대 무리가 이긴다면 굳이 회색 곰을 상대할 필요가 없게 되잖아. 하지만 결과는 반대였어. 회색 곰이 늑대 무리의 대장을 쓰러뜨리자마자 하나둘씩 꽁무니를 빼기 시작했거든. 회색 곰은 벌떡 일어나 허공을 향해 길게 소리를 내질렀어. 가슴팍을 훤히 드러낸 채로 말이야.

둥가는 이때다 싶어 활을 쏘았어. 명중이야, 명중. 둥가는 계속해서 활을 쏘아 댔어. 회색 곰은 보이지 않는 적을 향해 괴성을 지르다가 마침내 쿵, 하고 쓰러졌지.

'이렇게 쉽게 잡다니, 정말 억세게 운 좋은 날이군.'

둥가는 쓰러진 곰을 향해 신나게 달려갔어. 그러다 갑자기 멈칫하고 말았지. 눈앞에 도저히 믿기 힘든 광경이 펼쳐졌거든. 글쎄 동굴 속에서 갓난아기가 엉금엉금 기어 나오고 있잖아. 새끼 곰이 아니라 인간의 아기가 말이야. 아기는 "빠빠, 빠빠"하며 쓰러진 회색 곰의 품으로 파고들었지.

'설마 이 아기를 지키려고?'

둥가는 들고 있던 활을 툭 떨어뜨리고 말았어. 회색 곰이 늑대 무리의 공격을 받고도 왜 도망치지 않았는지, 또 왜 그토록 죽을힘을 다해 싸웠는지 알게 된 거야. 날이 저문 뒤에도 둥가는 도저히 바위 동굴을 떠날 수가 없었어. 죽은 곰의 품속에 갓난아기가 새근새근 잠자고 있는데 어떻게 떠나? 하지만 늑대 무리가 또 언제 쳐들어올지 모르니 더 늦기 전에 그곳을 벗어나야만 했어.

마침내 둥가는 땅을 파서 회색 곰을 묻어준 다음 아기를 번쩍 안아 들었어. 달빛이 아기 얼굴을 비쳐주고 있었지. 아기가 얼마나 예뻤는지 몰라.

'누구의 딸일까?'

둥가는 태어나자마자 숲에 버려진 그 아기를 한참 보다가 자기도 모르게 "루나" 하고 속삭였어. 루나는 달이란 뜻이야. 또 이제부터 불리게 될 아기의 이름이기도 해.

◆◆

깊은 계곡에 자리 잡은 사냥꾼의 통나무집에서 밤낮으로 아기 울음소리가 울려 퍼졌어. 둥가는 잠을 설쳐가며 아기를 달래야 했지. 날마다 칼과 활을 들고 사냥을 다니던 사람이 이젠 물통을 든 채 염소젖을 구하러 뛰어다녀야 했던 거야.

문득문득 '이게 지금 뭐하는 짓이지?' 하는 생각도 들었지. 아기를 괜히 데려왔다 싶을 때도 많았어. 평생 혼자서만 살아온 사냥꾼이 숲 속에서 젖먹이를 키운다는 게 도대체 말이 되나 싶은 거야. 둥가는 맨몸으로 호랑이나 곰을 상대하는 것보다 아기를 키우는 일이 훨씬 어렵다는 걸 알게 되었어.

"내가 미쳤지, 내가 미쳤어."

둥가는 걸핏하면 자기 머리를 쥐어박으며 투덜거렸어. 하지만 루나는 하루가 다르게 무럭무럭 잘 자랐지. 둥가의 사냥 도구를 장난감 삼아 놀기도 하고, 곰 가죽을 뒤집어쓴 채 아장아장 걷기도 했어. 그 모습이 여간 귀여운 게 아니어서 그때마

다 둥가는 자기도 모르게 히죽히죽 웃곤 했지.

　루나는 걸음마를 떼자마자 하루 종일 둥가를 졸졸 따라다니기 시작했어. 노루나 토끼를 사냥할 때도, 잡아 온 고기를 요리할 때나 가죽을 벗겨 말릴 때도 늘 옆에 붙어 있었지. 둥가는 잠시도 한눈을 팔 수 없었어. 아기가 염소 똥을 주워 먹거나 올가미에 걸리기라도 하면 큰일이잖아. 한번은 늑대 한 마리가 집 근처까지 내려온 적이 있었는데 아기가 겁도 없이 다가가는 바람에 화들짝 놀라기도 했어. 둥가는 어린 루나에게 숲을 가르쳐줘야겠다고 생각했지.

　"이건 지지, 이건 아야!"

　둥가는 날마다 루나의 손을 잡고 숲을 거닐며 눈에 띄는 대로 하나하나 가르쳐

췄어. 그리고 밤이면 나란히 누워 별을 바라보며 자장가를 불러줬지. 그런 자신이 정말 낯설게 느껴지기도 했지만 둥가는 점점 루나를 마음에 담기 시작한 거야.

어쩌다 아기가 아파서 밤새 울기라도 하면 둥가는 정말 어떻게 해야 할지 몰랐어. 할 수 있는 일이라곤 횃불을 든 채 약초를 찾아다니는 일뿐이었지. 아기 대신 자기가 아픈 게 훨씬 낫겠다는 생각도 들었어. 그러다 루나가 열이 점점 가라앉고 쌕쌕 잠이 들면 손으로 가슴을 쓸어내리며 안도의 숨을 내쉬곤 했지.

그런 어느 날 루나가 처음으로 말을 했어. 둥가가 루나에게 곰 인형을 만들어주려고 나무를 깎고 있을 때였지. 갑자기 루나가 등 뒤로 다가와 목을 꽉 끌어안으며 이렇게 말한 거야.

"아빠, 아빠."

둥가는 꼼짝도 할 수 없었어. 마치 번개에 맞은 것처럼 온몸에 전기가 흐르는 것 같았거든. 둥가는 루나를 꽉 끌어안았어. 그리고 숲 속의 그 어떤 샘물보다 맑은 아이의 눈을 바라보았지. 그때 문득 이 아이가 없으면 도저히 살 수 없을 것 같다는 생각이 든 거야. 그런 생각이 들자마자 둥가는 깎고 있던 곰 인형 대신 기다란 나무 칼을 만들기 시작했어.

"루나야, 내일부터 사냥하는 법을 가르쳐주마."

둥가는 루나에게 숲 속의 그 어떤 위험으로부터도 스스로 거뜬히 지켜낼 수 있는 힘이 필요하다고 생각했지. 언젠가 자기가 늙고 힘이 쇠약해질 때를 대비해서 지금부터 조금씩, 조금씩 루나를 강하게 키워나가기로 한 거야.

루나는 숲에서 길을 찾는 법부터 배웠어. 나뭇가지가 어디로 향해 있는지, 태양이 어디쯤 떠 있는지를 보고 방향을 잡는 거야. 다음엔 발자국만 보고도 어떤 짐승인지 알아맞히는 법을 배우고, 또 그다음엔 나무 타는 법과 줄기를 잡고 타잔처럼 옮겨 다니는 것도 배웠어. 어떤 훈련은 꽤 힘들기도 했지만 루나는 땀을 뻘뻘 흘리면서도 전혀 불평하지 않았지. 녀석은 마치 훈련이 아니라 놀이를 하는 것 같았어. 한마디로 루나는 타고난 사냥꾼이었던 거야.

어떤 날은 수풀 사이에 숨어 있다가 둥가를 확 덮치기도 했어. 깜짝 놀라게 하려고 말이야. 하지만 그때마다 둥가는 잽싸게 몸을 돌려 루나를 번쩍 안아 들곤 했지.

"아빠, 내가 숨어 있는지 어떻게 알았어?"

"냄새를 맡고 알았지. 그렇게 숨어 있을 땐 바람을 등지지 말라고 했잖아."

"아빤 어디서든 날 찾아낼 수 있어?"

"그럼, 눈 감고도 알 수 있지."

"정말? 내가 곰이나 늑대 가죽을 쓰고 있어도?"

"아빤 이 세상 어디에서도 널 찾아낼 수 있어. 어떤 모습으로 변장해도 한눈에 알아볼 수 있지."

둥가는 루나를 목말 태운 채 숲을 돌아다니며 많은 이야기를 들려줬어. 루나는 숲에서 벌어지는 신비로운 이야기들을 듣고 또 들으며 점점 강하게 자랐지.

어느 날 둥가는 오랜만에 루나를 데리고 마을로 내려갔어. 시장에 가서 짐승

가죽을 팔아 빵도 사고 이런저런 곡식도 사야 했거든. 예전에는 그런 게 별로 필요 없다고 생각했지만 이제 루나를 위해 하나하나 장만하기로 한 거야.

　루나는 마을 구경, 시장 구경을 하느라 정신이 쏙 나갈 지경이었지. 둥가가 가죽 상인과 흥정을 벌이는 동안에도 루나는 거리에 서서 오가는 사람들을 구경했어. 그때 한 무리의 소녀들이 까르르 웃으며 지나가는 거야. 꽃무늬 모자에 하얀 드레스를 입은 귀족의 딸들이었지. 루나는 소녀들이 시장 모퉁이로 사라질 때까지 넋을 잃은 채 바라보고 있었어. 마침 흥정을 마치고 나오던 둥가가 그 모습을 보았지. 둥가는 생각할 것도 없이 루나의 손을 잡고 옷가게로 향했어. 그리고 가진 돈을 몽땅 주인에게 내밀면서 이렇게 말했어.

　"이 가게에서 제일 예쁘고 화려한 옷을 주시오."

　루나는 그날을 자기 생일로 정했어. 그리고 평생 잊지 않기로 마음먹었지.

　숲에 돌아오자마자 루나는 옷을 갈아입고 여기저기 뛰어다니며 즐거운 비명을 질렀어. 마치 백조 한 마리가 춤을 추는 것 같은 모습이었지. 둥가는 루나를 바라보며 이렇게 생각했어.

　'세상 그 어떤 무도회에 가더라도 저렇게 예쁜 아이는 볼 수 없을 거야.'

　둥가가 딸 바보라서 그런 게 아니야. 하얀 드레스를 입은 루나의 모습은 정말 누가 봐도 반할 만큼 아름다웠거든. 그런데 한편으론 마음 한구석이 약간 무거워지기도 했어. 왜냐하면 루나의 몸매가 어느새 소녀에서 아가씨로 변해가고 있었거든. 봉긋한 가슴과 잘록한 허리까지, 그동안 가죽 옷만 걸치고 있을 때는 보이지 않던 몸의 곡선이 드레스를 입자마자 확 드러난 거야. 둥가는 손가락으로 햇수를 세어보기 시작했어. 하나, 둘, 셋……, 그래 맞아. 루나는 이제 더 이상 어린 소녀가 아니야. 다른 여자애들처럼 이제 성인식을 준비할 나이가 된 거지.

콧노래를 흥얼거리며 춤추고 있는 루나를 멍하니 바라보며 둥가는 소리 없이 한숨을 지었어. 드레스를 입은 루나가 아무리 예뻐도 이런 숲에서는 전혀 소용이 없잖아. 사냥을 하기엔 더없이 거추장스러운 복장일 뿐이야. 사냥꾼의 드레스라니, 그게 말이 돼? 그날 밤 둥가는 이 생각 저 생각에 잠을 통 이루지 못했어.

다음 날 아침 둥가는 루나의 목소리에 눈을 떴어.

"아빠, 얼른 일어나! 이것 좀 봐!"

밖에서 루나가 들뜬 목소리로 둥가를 불렀어. 둥가는 자리에서 벌떡 일어나 문을 열었어. 루나는 아침 햇살을 등진 채 활짝 웃으며 서 있었지. 하얀 드레스 차림으로 말이야. 둥가는 눈이 부셨어. 햇살 때문이 아니라 루나 때문에 눈을 제대로 뜰 수가 없었지. 하지만 다음 순간 둥가는 가슴이 철렁 내려앉고 말았어.

"아빠, 내가 뭐 잡아 왔게?"

루나가 자랑스럽게 팔을 치켜들자 토끼 한 마리가 보였어. 화살에 맞아 축 늘어진 토끼였지.

"아빠한테 주는 선물이야! 내가 직접 잡은 거야, 잘했지?"

"그, 그래. 솜씨가 제법이구나."

그렇게 대답하긴 했지만 둥가는 어떤 표정을 지어야 할지 몰랐어. 다만 가슴 깊은 곳에서 한 가지 생각만이 떠오르고 있었지.

'이 아이를 사냥꾼으로 살게 할 순 없어.'

그날 이후로 둥가는 며칠 밤을 고민하고 또 고민했어. 그리고 마침내 중대한 결심을 했지. 숲을 떠나기로 말이야.

평생 사냥만 하며 살던 사람이 숲을 떠나 마을에서 산다는 게 말처럼 쉬운 일은 아니야. 뭐든지 처음부터 다시 배워가며 살아야 했거든. 숲에서는 곰과 싸워 이길 만큼 강하고 능력 있는 사람이었지만, 마을에서는 어린아이나 마찬가지였지. 하지만 둥가는 루나를 위해 그 모든 어려움을 이겨내기로 했어.

우선 가진 돈을 모두 털어서 자그마한 집부터 산 다음 일을 시작했지. 몸 하나만큼은 누구보다 튼튼했기 때문에 아무리 힘든 일이라도 해낼 자신이 있었어. 공사장에서 무거운 돌을 지고 가파른 언덕을 오르내리거나 병든 말 대신 마차를 끄는 일따위는 아주 쉬운 편이었지. 때로는 귀족들이 취미로 사냥을 떠날 때 몸종처럼 따라다니며 온갖 허드렛일을 맡기도 했어. 둥가는 일거리가 있는 곳이라면 어디든지 달려갔지. 그렇게 한 푼 두 푼 모은 돈으로 가정교사를 구해 루나를 가르친 거야.

"이 아이가 어엿한 숙녀가 될 수 있도록 모든 걸 가르쳐주시오. 공부는 물론이고 맵시 있게 걷는 법, 우아하게 말하는 법, 교양 있게 웃는 법까지 모두 다."

246

다행히 가정교사는 둥가가 원하는 게 무엇인지 정확히 이해했지. 덕분에 루나는 하루가 다르게 품위 있는 숙녀로 변해가기 시작했어. 그 모습을 바라볼 때마다 둥가는 온몸의 피로가 싹 가시는 것 같았지. 그러는 동안 루나는 어느덧 성인식을 치를 나이가 된 거야.

보름달이 유난히도 밝게 빛나던 어느 날 밤이었어. 둥가와 루나는 창가에 나란히 앉아 달을 구경하고 있었지.

"아빠, 평생 이렇게 아빠랑 행복하게 살고 싶어요."

루나가 말했어.

"아빠도 그러고 싶다만 너도 언젠가는 멋진 청년을 만나서 결혼도 하고 아이도 낳아 길러야 해. 지금보다 더 행복한 가족을 만들어야지."

"그렇게 할게요. 하지만 아빠를 떠나진 않을 거예요."

"걱정 마라. 아빤 네가 어디서 어떻게 살건 늘 지켜보고 있을 테니까."

둘은 그렇게 오손도손 이야기를 나누며 행복한 시간을 보내고 있었어. 보이지 않는 곳에서 재앙의 그림자가 성큼성큼 다가오고 있다는 사실은 꿈에도 모른 채 말이야. 재앙은 마치 정해진 순서인 양 거침없이 닥쳐왔어. 달빛에 비친 루나의 얼굴에 거뭇거뭇한 털이 자라기 시작하면서부터였지.

"루나야, 네 얼굴에 그게 뭐니?"

둥가의 말이 채 끝나기도 전에 루나의 이마와 팔, 다리에 털이 숭숭 돋아나기 시작했어. 루나는 비명을 지르며 팔과 다리를 마구 긁어댔지.

"루나야, 루나야!"

둥가가 겁에 질린 루나를 부둥켜안는 순간 아리따웠던 루나의 모습은 온데간데없이 사라지고 온통 검은 털로 뒤덮인 흉한 몰골만 남고 말았어.

"아빠, 아빠!"

루나는 털북숭이가 된 채 비명을 질렀어. 둥가는 이 모든 게 그저 악몽이기만을 빌었지. 하지만 꿈이 아니었어. 날이 밝아올 무렵, 둥가의 눈앞엔 하얀 드레스를 입은 곰 한 마리가 누워 있었거든. 그날은 루나가 성인의 나이로 접어드는 첫날이자 죽은 회색 곰의 저주가 시작된 날이기도 했지.

며칠 뒤 둥가는 캄캄한 밤을 틈타 마을을 몰래 빠져나갔어. 털북숭이가 된 루나를 망토로 겹겹이 둘러싼 채 말이야. 곰으로 변해버린 딸과 함께 살 수 있는 곳은 숲 속의 옛 집밖에 없잖아. 그래, 둥가는 다시 외로운 사냥꾼의 삶으로 돌아갈 수밖에 없었어.

깊은 계곡의 오두막으로 돌아온 뒤부터 둥가는 털북숭이 딸을 끌어안은 채 노래를 불러줬어. 갓난아기 때 불러줬던 그 자장가 말이야. 어릴 때 루나는 천둥 번개가 치거나 무서운 꿈을 꿀 때마다 자장가를 불러달라고 했었지. 그 노래만 들으면 두려움이 싹 가신다면서 말이야. 지금 이 순간 둥가가 할 수 있는 일이라곤 끝도 없이 자장가를 불러주는 것뿐이었어. 하지만 노래를 아무리 불러도 루나의 눈물을 멎게 할 수는 없었어.

"아빠, 무서워. 이대로 영영 곰이 되면 어떡하지?"

"괜찮아, 괜찮아. 무슨 일이 있어도 아빠 네 곁에 있을 거야."

하지만 하루, 또 하루가 지날수록 루나의 울음소리는 점점 곰의 목소리를 닮아가기 시작했어. 심지어 사람의 말조차 잊어가고 있었지.

두 번째 보름달이 뜨던 어느 날 밤, 둥가는 더 이상 딸이 하는 말을 알아듣지 못하게 됐어. 그저 한 마리의 슬픈 짐승이 내는 비통한 울음소리로만 들렸지.

둥가는 곰으로 변한 루나를 간신히 재운 다음 집을 나섰어. 며칠 전부터 쭉 생각해온 게 있었거든. 숲 속 끄트머리 깊은 골짜기에 사는 무당을 찾아가기로 한 거야. 둥가는 그 늙은 무당을 딱 한 번밖에 본 적이 없어. 그때 무당은 한밤중에 혼자 산 위에 올라가 중얼중얼 주문을 외고 있었지. 둥가는 미친 할멈이라고 여기며 무당을 멀리해왔어. 하지만 지금 그가 조언을 구할 상대라고는 그 늙은 무당밖에 없잖아.

둥가가 골짜기에 도착했을 때 무당은 이미 집 밖으로 나와 그를 기다리고 있었어. 모든 걸 알고 있다는 듯이 말이야. 둥가는 무당 앞에 엎드려 자초지종을 남김없이 들려줬지. 눈물을 뚝뚝 흘리면서 말이야. 이야기를 다 듣고 나자 무당은 짐승의 뼈다귀가 들어 있는 보자기를 열어젖히더니 바닥에 확 쏟아부었어. 그리고 한참 뒤에야 무겁게 입을 열었지.

"집에 있는 그 곰을 당장 없애야 해."

둥가는 깜짝 놀라 절대로 그럴 수 없다고 말했지.

"안 그럼 자네가 죽어."

"내가 죽고 사는 건 중요하지 않습니다. 어떻게 하면 딸아이가 다시 인간의 모습으로 돌아올 수 있는지 그걸 묻는 겁니다."

"회색 곰의 저주가 너무 강해. 그 아이는 평생 곰으로 살아야 할 운명이야."

"방법이 전혀 없단 말씀인가요? 아이를 구할 수만 있다면 제 목숨이라도 내놓겠습니다."

"목숨만으론 부족해. 운명을 맞바꿔야 할 게야. 딸의 저주를 대신 짊어질 수 있겠나?"

"세상의 그 어떤 저주라도 다 짊어지겠습니다."

"딸이 자네를 영영 기억하지 못해도?"

둥가는 잠시 말을 멈춘 채 고개를 끄덕였어. 그러자 눈에 고여 있던 눈물이 볼을 타고 흘러내렸지. 마침내 늙은 무당은 둥가에게 최후의 방법을 알려줬어.

"저 달이 지기 전에 회색 곰이 묻힌 곳으로 가서 자네의 핏방울을 떨어뜨려야 돼. 그리고 자네의 모든 소원을 빌어봐. 그 소원이 달과 별을 울릴 만큼 간절하다면 기적이 일어날 수도 있을 테니까."

둥가는 달빛에 비친 숲길을 단숨에 내달려 집으로 돌아왔어. 루나는 여전히 깊은 잠에 빠져 있었지. 둥가는 잠든 딸을 한참 바라보다가 옷장을 열어 하얀 드레스와 모자를 꺼냈어. 그러고는 루나가 어릴 때 만들어줬던 나무칼과 함께 머리맡에 놓아두었지. 또 식량 창고를 열어 식량이 넉넉한지도 살펴봤어. 둥가는 루나가 혼자서도 잘 살아갈 수 있도록 만반의 준비를 해두고 싶었던 거야. 모든 준비가 다 끝난 뒤 둥가는 다시 루나 곁으로 돌아왔어. 곰으로 변해버린 딸의 이마에 입을 맞추며 마지막 인사를 했지.

"루나야, 이 아빠의 소원이 이루어질 수 있도록 기도해주렴."

둥가는 루나의 볼을 쓰다듬며 자장가를 불러줬어. 참았던 눈물이 왈칵 쏟아졌지만 그래도 노래를 멈추진 않았지. 노랫소리가 정겨운지 루나는 잠을 자면서도 내내 미소를 지었어.

보름달이 이울기 직전에 둥가는 회색 곰의 무덤에 도착했어. 머뭇거릴 시간이 없었지. 둥가는 칼을 꺼내어 자신의 손바닥을 확 그었어. 그러고는 회색 곰의 무덤 위에 붉은 피를 뚝뚝 떨어뜨리며 빌기 시작했어.

"회색 곰이여, 부디 저의 참회를 받아주소서. 그리고 딸에게 내린 모든 저주를 제가 대신 짊어지도록 허락하소서. 딸의 인생에 가로놓인 모든 슬픔과 시련도 아낌없이 저에게 주소서."

둥가는 똑같은 말을 수도 없이 되풀이하며 계속해서 핏방울을 떨어뜨렸지. 그 목소리가 어찌나 절절한지 달과 별과 바람마저 잠시 운행을 멈춘 것 같았어. 회색 곰의 무덤은 어느새 둥가의 피와 눈물로 축축해졌지.

잠시 후 동쪽 하늘이 희부옇게 밝아오는가 싶더니 태양 빛이 물들기 시작했어. 곧이어 하루의 첫 햇빛이 숲을 비추는 순간, 둥가의 몸에서 회색빛 털이 쑥쑥 돋아났지. 둥가는 자신의 기도가 통했다는 사실을 알고 기쁨의 눈물을 흘렸어. 온몸에 털이 숭숭 나면서 점점 곰으로 변해가고 있는데도 얼굴은 마냥 웃고만 있는 거야.

"감사합니다! 제 소원을 들어주셔서 감사합니다!"

둥가의 몸이 회색 털로 뒤덮이던 그때, 깊은 계곡 오두막집에서 잠자던 루나의 몸도 점점 변해가고 있었어. 온몸을 흉하게 덮고 있던 털이 사라지고 인간의 살결이 드러나기 시작한 거야. 달이 이울고 해가 떠오르듯, 곰은 사람이 되고 사람은 곰으로 변해가면서 마침내 두 사람의 운명도 완전히 바뀌게 됐지.

이른 아침 루나가 잠에서 깨어 눈을 떴을 때 깊은 숲 속 먼 하늘에서는 곰의 울음소리가 길게 울려 퍼지고 있었어.

◆◆

루나는 다시 아름다운 처녀의 모습으로 돌아왔지만 아무것도 기억할 수가 없었어. 어째서 이 숲 속 오두막집에 혼자 있게 됐는지, 누가 머리맡에 예쁜 옷과 나무칼을 놔뒀는지 하나도 기억하지 못했어. 루나의 기억에 남아 있는 거라곤 그저 자신의 이름과 사냥 기술뿐이었지. 눈부시게 하얀 드레스를 입고 모자를 쓴 채 하느작하느작 숲을 거닐면서도 그녀는 날아가는 새를 정확히 맞힐 수 있었어.

'어째서 이렇게 활을 잘 쏘는 거지? 난 도대체 누굴까?'

루나는 험한 숲에서도 혼자 거뜬히 살아갈 수 있었

지만, 마음은 늘 허전하기만 했어. 때로는 누군가 문 앞에 과일이나 약초를 갖다 놓기도 했는데 그때마다 숲을 내달리며 "누구세요, 누가 갖다 놨죠? 날 아세요?" 하고 소리치곤 했지.

그런 어느 날 한 무리의 병사들과 왕실의 가족이 숲으로 사냥을 나왔어. 옛날 귀족들은 가끔 소일 삼아 사냥을 나서곤 하잖아. 그날도 왕자가 신하들을 이끌고 숲을 찾은 거야. 그런데 이 젊은 왕자가 꽤나 모험을 즐기는 편이었나 봐. 호위병 하나 없이 혼자서 말을 타고 깊은 숲까지 들어왔거든.

'아주 커다란 놈을 잡아봐야지. 다들 깜짝 놀라겠지.'

이제 갓 소년티를 벗은 앳된 얼굴이었지만 한 나라의 왕자답게 제법 용감한 구석이 있었지. 하지만 숲이 얼마나 위험한지는 아직 모르는 것 같았어. 더구나 이 계곡 어딘가에 숲의 제왕인 회색 곰이 살고 있다는 사실은 더더욱 몰랐던 거야.

'너무 깊이 들어왔나?'

왕자가 문득 사방을 둘러보던 그 순간, 수풀 속에서 거대한 회색 곰이 괴성을 지르며 나타났어. 칼을 휘두르거나 활을 쏠 겨를조차 없이 왕자는 말에서 떨어지고 말았지. 회색 곰은 쓰러진 왕자를 향해 날카로운 발톱을 드러내며 다가왔어. 왕자는 순간적으로 '아, 이렇게 죽는구나!'라고 생각했어. 하지만 회색 곰은 웬일인지 주변을 어슬렁거리기만 할 뿐 선뜻 공격을 하지 않았어. 마치 뭔가를 기다리는 것처럼 말이야. 물론 왕자에게는 그 시간이 오히려 더 무서웠겠지.

그때였어. 어디선가 쉭, 소리가 나는가 싶더니 날카로운 화살 하나가 곰의 어깨에 날아와 꽂혔지 뭐야. 곰은 비명을 지르며 수풀로 도망쳤어.

"누구지? 누가 활을 쐈느냐?"

그때까지만 해도 왕자는 호위병들 중 한 명이 자신을 구한 거라고만 생각했어. 하지만 잠시 후 화살의 주인공이 눈앞에 나타나자 깜짝 놀라고 말았지. 하얀 원피스를 입은 채 활을 들고 서 있는 그녀는 옛 화가들이 그린 명화의 인물처럼 신비로운 여신 그 자체였거든.

"당신은 누구신가요?"

왕자가 물었어.

"저는 루나라고 해요. 다른 건 묻지 마세요. 그것밖에 모르니까."

"루나, 당신은 내 생명의 은인입니다."

왕자의 가슴은 이미 쿵쿵 뛰고 있었어. 회색 곰 때문에 놀라서가 아니라 눈앞의 여인이 너무도 아름다웠기 때문이야.

왕자는 말에서 떨어질 때 입은 상처를 치료하기 위해 일단 루나의 오두막으로 향했어. 루나는 능숙한 솜씨로 왕자의 다리를 치료해줬지. 치료가 끝나자마자 왕자의 수행원과 호위병들이 허겁지겁 도착했어.

"왕자님, 대체 무슨 일이세요? 많이 다치셨습니까?"

"괜찮다. 이 친절한 여인 덕분에 목숨을 건질 수 있었다."

"어서 왕궁으로 돌아가셔야 합니다."

그제야 왕자는 루나의 오두막을 둘러보기 시작했어. 그러고는 짐짓 권위 있는 목소리로 이렇게 말했지.

"그대의 아름다움과 뛰어난 활 솜씨, 그리고 따뜻한 마음까지 모두 왕궁으로 가져가고 싶군요. 이 오두막도 무척 평화로운 곳이긴 하지만, 만일 그대가 왕궁으로 함께 가준다면 제 명예를 걸고 반드시 귀하게 대접하리다."

왕자의 말은 루나의 마음을 움직일 만큼 진실했어. 결국 루나는 왕자가 내민 손을 잡고 말에 올라탔지.

왕자의 행렬이 깊은 계곡을 떠날 무렵, 숲 속 높은 언덕 위에 커다란 회색 곰의 그림자가 나타났어. 그게 바로 둥가라는 건 말 안 해도 이미 짐작했겠지? 둥가는 루나를 태운 말이 숲을 벗어날 때까지 하염없이 바라보고만 있었어. 화살에 맞은 왼쪽 어깨에서 붉은 피가 줄줄 흐르는데도 얼굴은 그렇게 흐뭇해 보일 수가 없었지.

"이제 됐다, 루나야. 내내 행복하렴."

둥가가 인간의 언어를 입 밖에 낸 것은 그게 마지막이었어. 그날 이후 회색 곰은 한때 인간이었던 기억을 모두 잃고 말았지. 자신이 사냥꾼 둥가였다는 사실도, 목숨처럼 아끼던 딸 루나도 모두 잊은 채 그저 숲 속의 제왕, 야생의 폭군으로 살게 된 거야.

왕자는 루나에게 했던 자신의 약속을 지켰어. 왕궁의 화려한 방 하나를 루나에게 내준 다음 성 안의 부녀자들에게 활쏘기와 호신술을 가르치도록 했지. 하지만 얼마 안 있어 왕자 곁에서 이런저런 조언을 해주는 역할까지 맡게 됐어. 처음엔 주로 숲에서 자신을 지키는 법이나 사냥하는 법을 가르쳐주다가 나중엔 왕자가 중대한 판단을 내릴 때마다 한마디씩 거들게 된 거야.

왕자는 날이 갈수록 루나의 지혜와 아름다움에 푹 빠져들었고, 어딜 가든 루나를 위한 자리부터 마련했지. 왕궁의 신하와 시녀들 중에서도 루나를 미래의 왕빗감으로 여기는 사람들이 점점 늘어갔어. 딱 한 사람, 늙은 제사장만 빼고 말이야.

사실 루나가 나타나기 전까지만 해도 왕실에서 가장 신임 받는 사람은 바로 제사장이었어. 왕은 물론 왕자도 제사장의 말이라면 언제든지 귀를 기울이곤 했지. 그런데 이제 그 자리를 루나에게 빼앗긴 셈이잖아. 그러니 제사장의 마음이 편할 리가 없겠지. 겉으론 웃지만 속으로는 늘 루나를 눈엣가시로 여겼던 거야.

어느 날 왕자는 루나에게 하고 싶은 말을 더 이상 마음에 담아둘 수 없다고 생각했어. 그래서 용기를 내어 루나에게 사랑을 고백했지. 루나를 아내로 맞아 평생 행복하게 해주고 싶다고 말이야. 사실은 루나도 왕자의 됨됨이에 깊이 감동하고 있던 참이었지. 어쩌면 숲에서 처음 왕자를 봤을 때부터 마음이 끌렸는지도 몰라. 결국 두 사람은 서로를 깊이 사랑하게 됐어.

다음 날 왕자와 루나가 곧 결혼할 거라는 소문이 성 안에 파다하게 퍼졌어. 왕도 두 사람의 결혼을 이미 허락한 상태였지. 그런데 며칠이 지나자 성 안에 또 다른 소문이 먹물처럼 번져 나가기 시작했어. 누구나 깜짝 놀랄 수밖에 없는 무서운 소문이었지.

"루나는 인간의 딸이 아니라 회색 곰의 딸이다."

처음 그 소문을 접했을 때 왕자와 루나는 그저 웃어넘겼어. 말도 안 되는 소리잖아. 하지만 소문의 힘은 생각보다 훨씬 강해서 나중엔 온 나라 구석구석까지 번져 나갔지. 두 사람의 결혼을 반대하는 목소리도 점점 커져갔어.

왕은 골치가 아팠어. 말도 안 되는 소문이라고 무시하자니 백성들의 원성이 너무 컸고, 또 그렇다고 소문만 믿고 루나를 멀리 내쫓았다간 왕자에게 평생 상처가 될 테니까 말이야.

"이 문제를 도대체 어떻게 해결해야 할지 누가 한번 말해보시오."

왕은 대신들에게 의견을 말하라고 했어. 아무도 선뜻 대답할 수 없었지. 다들 옆 사람 눈치만 살피고 있을 때 제사장이 자리에서 천천히 일어났어.

"전하, 그 여인이 회색 곰의 딸인지 아닌지를 알 수 있는 유일한 방법이 있사옵니다."

"오호, 역시 제사장이구려. 어디 한번 말해보시오."

"회색 곰이 자주 다니는 숲 속 벌판에 그 여인을 세워두면 됩니다. 만일 그 여인이 진짜 회색 곰의 딸이라면 곰이 공격하지 않겠지요. 하지만 인간의 딸이라면 곰이 가만두지 않을 겁니다."

제사장의 말에 다른 신하들은 물론 왕마저 깜짝 놀랐어.

"아니, 그러다 곰이 해치기라도 하면 큰일이잖소?"

"왕궁의 최정예 병사들을 대기시켜놓으면 됩니다. 곰이 조금이라도 공격을 해오면 수백 명의 궁사들이 일제히 활을 쏴서 물리칠 수 있을 겁니다."

좀 위험한 방법이긴 해도 왕과 신하들은 제사장의 제안에 귀가 솔깃해졌어. 그 방법 말고는 딱히 좋은 수가 생각나지 않잖아. 하지만 그 소식을 전해 들은 왕자는 미친 듯이 날뛸 수밖에.

"고작 그런 헛소문 때문에 내 아내가 될 사람을 곰한테 내주다니, 절대로 허락할 수 없어! 누구든 루나를 숲으로 데려가려면 나부터 죽여야 할 거야!"

왕은 왕자의 기세를 꺾기 어렵겠다 싶었지. 그런데 바로 그때 루나가 들어오더니 왕에게 절을 하며 이렇게 말했어.

"전하, 그 방법을 따르겠나이다. 저를 숲으로 데려가소서."

왕자는 루나를 부둥켜안으며 절대로 보낼 수 없다고 소리쳤지. 하지만 루나는 이미 마음을 굳게 정한 표정이었어.

"가장 확실한 방법이잖아요. 그래야만 백성들이 믿어줄 거예요. 그리고 회색 곰이 저를 해치려든다면 그땐 왕자님이 저를 구해주세요. 그럴 수 있죠?"

루나의 표정은 조금도 흔들림이 없었어. 확신에 찬 그 표정 때문에 왕자도 결국은 루나의 뜻에 따를 수밖에 없었지.

루나가 회색 곰의 딸이 아니라는 사실을 증명하기 위해 숲으로 가던 날, 제사장은 아무도 몰래 성을 빠져나가 누군가를 만나고 있었어. 그가 만난 사람은 다름 아닌 늙은 무당이었지. 사실 루나가 회색 곰의 딸이라는 소문을 퍼뜨린 것도 이 두 사람 짓이었거든.

"준비는 완벽하게 됐겠지?"

제사장이 속삭이자 늙은 무당은 음흉한 미소를 지으며 이렇게 말했어.

"오늘이 그 계집아이의 마지막 날이 될 겁니다."

"좋아, 일이 성사되면 약속대로 금화 한 상자를 주겠다."

제사장과 무당이 이렇게 음모를 꾸미는 사이 루나는 회색 곰이 사는 숲 속으로 한 발, 두 발 들어서고 있었어. 숲 속의 너른 벌판 주변에는 왕궁의 궁사 수백 명이 미리 매복해 있었지. 루나는 자기 곁에 바싹 붙어 있겠다는 왕자를 기어이 수풀로 보냈어. 자칫하면 왕자가 다칠 수도 있잖아. 그런 다음 벌판 한가운데 우뚝 서서 회색 곰이 나타나기만 기다렸지. 그 모습을 멀리서 지켜보는 왕자의 마음은 점점 타들어가기만 했어.

시간이 얼마나 흘렀을까? 벌판 너머 나무숲이 요란하게 흔들리는가 싶더니 갑자기 늑대의 울음소리가 들려오기 시작했어. 회색 곰이 나타날 줄 알았던 병사들은 몹시 당황했지. 곧이어 숲 속에서 백 마리도 넘는 늑대 무리가 맹렬한 속도로 몰려오기 시작했어.

"활을 쏴라! 늑대들을 막아라!"

왕자의 명령에 따라 궁사들은 일제히 활을 쏘기 시작했어. 하지만 늑대들은 끝도 없이 밀려왔고, 활에 맞아 쓰러지면서까지 루나를 에워쌌지. 왕자와 궁사들은 쉴 새 없이 활을 쏘아대는 바람에 화살이 동나고 말았어. 그래, 바로 이게 제사장과 늙은 무당의 계획이었던 거야. 회색 곰이든 늑대 무리든 루나를 없애는 것만이 제사장의 목적이었으니까.

왕자는 마침내 칼을 빼 들고 루나를 향해 달려 나가려 했어. 그런데 바로 그때 어디선가 요란한 괴성과 함께 거대한 회색 곰이 나타난 거야. 회색 곰은 곧장 루나를 향해 내달리더니 늑대 무리들을 닥치는 대로 공격하기 시작했어. 그 기세가 어찌나 사나운지 멀리서 지켜보던 병사들마저 슬금슬금 뒷걸음질 칠 정도였어. 회색 곰은 새까맣게 달려드는 늑대 무리를 마구 후려치며 계속해서 괴성을 질러댔어. 그러자 사납게 날뛰던 늑대들도 한 마리, 두 마리씩 꽁무니를 빼는가 싶더니 마침내 썰물이 빠져나가듯 숲을 향해 도망치기 시작했지.

잠시 후 벌판 위에는 루나와 회색 곰만 남게 됐어. 왕자와 병사들은 숨을 죽인 채 회색 곰을 지켜봤지. 하지만 회색 곰은 루나를 물끄러미 바라보기만 하더니 관심 없다는 듯 숲을 향해 등을 돌렸어.

그때 병사들 사이에서 누군가 "곰이 공격하지 않는다. 회색 곰의 딸이 분명해!" 하는 소리가 터져 나왔지. 그와 동시에 회색 곰이 걸음을 뚝 멈췄어. 그러고는 고개를 돌려 루나를 다시 쓱 바라보는 거야. 회색 곰이 뚫어지게 보고 있었던 건 바로 루나의 허리춤에 달려 있는 나무칼이었지. 루나는 아까부터 눈을 꼭 감은 채 노래만 부르고 있었어. 무서운 생각이 들 때마다 부르곤 하던 바로 그 자장가 말이야. 회색 곰은 그 노랫소리를 듣자마자 루나를 향해 괴성을 지르며 달려가기 시작했어. 금방이라도 루나를 해칠 기세였지.

"곰이 다시 공격해온다. 활을 쏴라, 활을 쏴!"

왕자가 다급하게 소리쳤지만 더 이상 남은 화살이 없잖아. 게다가 회색 곰은 이미 루나의 코앞까지 다가와 사정없이 공격하기 시작했어. 왕자는 미친 듯이 절규했지만 병사들이 붙들고 늘어지는 바람에 앞으로 나갈 수가 있어야 말이지.

회색 곰이 날카로운 발톱을 드러내며 달려드는 순간 루나는 마지막이라는 심정으로 나무칼을 뽑아 들었어. 고작 나무칼 따위로 그 거대한 곰을 상대할 수는 없을 텐데 말이야. 그런데 그때 놀라운 일이 벌어졌어.

회색 곰이 루나의 손을 꽉 잡더니 제 가슴을 향해 나무칼을 있는 힘껏 밀어 넣은 거야. 멀리서 보면 마치 루나를 공격하는 것처럼 보였겠지. 하지만 루나는 털끝 하나 다친 데가 없었어. 오히려 회색 곰의 가슴팍에서 붉은 피가 줄줄 흐르고 있었지. 스스로 나무칼에 찔린 회색 곰은 점점 힘을 잃어가며 루나의 눈만 뚫어지게 바라보았어. 그제야 루나도 회색 곰의 눈을 보게 된 거야. 까맣게 잊고 있던 옛 기억이 살아난 것도 바로 그때였지.

"아빠?"

루나의 입에서 그 소리가 나오자마자 회색 곰은 천천히 눈을 감더니 쿵, 하고 쓰러졌어. 뒤에서 왕자와 병사들이 함성을 지르며 달려왔지만 루나는 회색 곰의 가슴에 꽂힌 나무칼을 뽑으려 안간힘을 쓰고 있었어. 하지만 나무칼은 곰이 꽉 잡고 있어서 절대로 빼낼 수가 없었지. 가장 먼저 달려온 왕자의 눈에는 마치 루나가 곰을 찌르고 있는 것처럼 보였을 거야. 숲 속 벌판 위로 루나의 슬픈 울음소리가 길게 울려 퍼졌어.

그런데 그때 아주 신비로운 광경이 펼쳐지기 시작했지. 루나의 눈물이 회색 곰의 상처에 스며들면서부터야. 온몸의 털이 사라지는가 싶더니 사냥꾼 둥가의 얼굴이 드러나기 시작했어. 아빠와 딸 사이를 오가던 그 지독한 저주가 모두 사라지고 있었던 거지.

"아빠, 아빠!"

루나는 둥가를 끌어안고 미친 듯이 소리쳤어. 빙 둘러서서 지켜보던 왕자와 병사들도 둥가가 깨어나기만을 바라고 있었지. 루나가 둥가의 가슴에 꽂혀 있던 나무칼을 빼내자 팔이 살짝 꿈틀거리더니 심장이 다시 뛰기 시작했어.

곧이어 둥가의 눈이 천천히 열렸지. 다시 인간의 눈으로 세상을 보게 된 그 순간, 둥가의 눈앞엔 그리운 딸 루나가 활짝 웃고 있었어.

회색 곰의 딸

깊고 깊은 숲 속에 사냥꾼 둥가와 어린 딸 루나가 살았어요.

루나를 만나기 전까지만 해도 둥가는 뛰어난 곰 사냥꾼이었어요.

하지만 이젠 절대로 곰을 사냥하지 않아요.

갓난아기였던 루나를 돌봐준 게 바로 커다란 회색 곰이었거든요.

둥가는 그런 줄도 모르고 회색 곰에게 활을 쐈지 뭐예요.

둥가는 죽은 회색 곰을 고이 묻어준 다음

어린 루나를 데려와 키우기 시작했어요.

평생 사냥만 하던 둥가는 루나를 키우며

혼자서 아이를 키운다는 게 얼마나 힘들고 어려운 일인지 알게 됐어요.

하지만 루나가 하루하루 어여쁜 소녀로 커갈수록 보람을 느꼈죠.

어느 날 루나가 아장아장 걸음마를 하다가 "아빠" 하고 불렀을 때

둥가는 온 세상을 다 가진 기분이었어요.

둥가는 이제 루나가 없으면 도저히 살아갈 수 없을 것만 같았죠.

어느 날 둥가는 루나에게 새하얀 드레스를 사다 주었어요.

루나는 새 옷으로 갈아입고는 하루종일 흥겹게 춤을 추었어요.

다음 날 아침 루나는 아빠를 위해 특별한 선물을 준비했어요.

"아빠, 이거 좀 봐! 내가 사냥했어!"

둥가는 깜짝 놀라고 말았어요.

루나가 하얀 드레스를 입은 채 죽은 토끼를 들고 있었거든요.

그 순간 둥가는 이제 사냥꾼으로 살지 말아야겠다고 다짐했어요.

소중한 루나를 사냥꾼의 딸로 키울 수는 없으니까요.

둥가는 평생 살았던 숲을 떠나 도시로 갔어요.

그리고 루나를 훌륭한 숙녀로 키우기 위해 온갖 궂은일을 마다하지 않았죠.

둥가는 아무리 피곤해도 루나만 보면 힘이 났어요.

아빠의 소망처럼 루나는 하루가 다르게 아름다운 숙녀로 커갔죠.

그런 어느 날 너무도 끔찍한 일이 벌어지고 말았어요.

어여쁜 루나의 손과 발, 그리고 새하얀 얼굴이

갑자기 검은 털로 뒤덮여버렸지 뭐예요.

오래전 둥가가 죽인 회색 곰의 저주가 이제야 시작된 거예요.

둥가는 곰으로 변해버린 루나를 안고 밤새 울다가

마침내 회색 곰의 무덤을 찾아가기로 결심했어요.

보름달이 환하게 빛나는 깊은 밤,

둥가는 회색 곰의 무덤 앞에서 눈물을 흘리며 용서를 빌었어요.

그리고 딸에게 내린 저주를 모두 자기한테 달라고 기도했죠.

딸이 다시 사람으로 살 수만 있다면 뭐든지 하겠다고 말이에요.

어느덧 어둠이 걷히고 날이 밝아왔어요.

한 줄기 햇살이 몸에 와 닿는 순간

둥가의 몸이 회색 털로 뒤덮이기 시작했어요.

그렇게 점점 곰으로 변해가면서도 둥가는 활짝 웃고 있었어요.

회색 곰이 자신의 기도를 들어주었기 때문이에요.

둥가가 곰으로 변해갈 즈음,

집에서는 아리따운 숙녀가 잠에서 깨어나고 있었어요.

루나가 다시 사람으로 돌아온 거예요.

하지만 루나는 아무것도 기억하지 못했어요.

아빠와 함께했던 행복한 기억마저 모두 지워지고 만 거예요.

둥가는 회색 곰으로 변한 뒤에도 늘 루나 곁을 맴돌았어요.

날마다 문 앞에 과일과 고기를 놓아두기도 하고,

루나가 다치기라도 할까봐 숲에서 늘 지켜봤어요.

언젠가는 진짜 곰이 되어 옛 기억을 모두 잃어버리겠지만,

둥가는 끝까지 딸을 지켜주고 싶었던 거예요.

어느 날 왕자가 숲으로 사냥을 나왔다가 커다란 회색 곰과 마주쳤어요.

그때 우연히 숲을 거닐던 루나가 재빨리 활을 쏘아 회색 곰을 쫓아버렸죠.

루나의 아름다운 모습과 뛰어난 사냥 솜씨에 반한 왕자는

루나를 신부로 맞이하고 싶어 했어요.

둥가는 높은 언덕에 서서 루나가 떠나는 모습을 쭉 지켜봤어요.

"그래, 이제 됐다, 루나야. 내내 행복하렴."

이제 둥가는 완전히 회색 곰이 되어버렸어요.

하지만 둥가의 소원은 이루어지지 않았어요.

어느 날 루나가 회색 곰의 딸이라는 소문이 돌기 시작한 거예요.

못된 신하의 꾀에 휘말린 루나는

결국 짐승들이 들끓는 숲 속 벌판에 묶이고 말았어요.

해가 저물자 숲에서 늑대 무리가 새카맣게 몰려나오더니

곧장 루나를 향해 달려들었어요.

바로 그때 쿵, 하는 소리와 함께 거대한 회색 곰이 나타나

늑대들을 물리치기 시작했어요.

늑대 무리는 회색 곰의 기세에 눌려 숲으로 도망쳐버렸어요.

이제 벌판에는 회색 곰과 루나, 그리고 멀리서 지켜보는 구경꾼들만 남았어요.

회색 곰은 곧장 루나에게 달려들었어요.

루나는 이제 끝이구나 하는 심정으로 눈을 감았죠.

하지만 회색 곰은 루나를 공격하지 않았어요.

대신 루나의 허리춤에 있던 작은 나무칼로 자기 가슴을 찔렀어요.

멀리서 이 모습을 보던 사람들은 큰 소리로

"루나가 회색 곰을 물리쳤다" 하고 외쳐댔어요.

죽어가는 회색 곰의 눈을 보고서야 루나는 잃었던 기억을 되찾았어요.

"아빠, 아빠!"

루나의 눈물이 흘러내려 회색 곰의 가슴에 떨어졌어요.

그러자 놀라운 일이 벌어졌어요.

회색 곰의 털이 하나둘씩 빠지더니 사냥꾼 둥가로 변한 거예요.

잠시 후 둥가가 정신을 차렸을 때

눈앞엔 그리운 딸 루나가 환하게 웃고 있었어요.

아빠의 생각보따리

"어려움을 이기는 아이로 자라렴."

루나가 어엿한 숙녀로 크는 것만이 둥가의 유일한 꿈이었어.

큰 희생을 치러야 하는 꿈이었지만,

둥가는 모든 시련을 기꺼이 받아들였단다.

오로지 루나를 위한 사랑 하나로 말이야.

그러니까 둥가에게는 시련을 이겨내야 할

분명한 이유가 있었던 거야.

둥가에게 닥친 시련처럼 살다 보면 꿈과 희망을 꺾으려는

장애물들이 불쑥불쑥 생겨날 때가 있어.

그리고 때로는 소중한 꿈일수록 시련도 더 큰 것 같아.

하지만 반대로 생각하면 시련이 클수록 내가 이루려는 것이

얼마나 소중한 꿈인지 깨닫게 된단다.

그래서 그 꿈을 이루어야 할 이유가 점점 뚜렷해지는 거야.

쉽게 포기하는 사람들이 변명처럼 하는 말 중에

'운명'이란 단어가 있어.

"난 멋진 삶을 살 수 없는 운명인가 봐."

이렇게 말하는 순간 그 사람의 꿈은 점점 멀어진단다.

둥가는 운명이란 말을 믿지 않았어.

다만 이겨내야 할 어려움 중 하나일 뿐이라고 생각했지.

아빠도 운명이니 불가능이니 하는 말보다는

희망이라는 말만 쓸 생각이야.

왜냐하면 아빠도 이제 어려움을 이겨내야 할

분명한 이유가 생겼거든.

미카의
하루

우리 눈엔 잘 안 보이지만 상상과 현실 사이에는 아주 깊은 강이 흐르고 있어. 거긴 늘 짙은 안개가 끼어 있기 때문에 양쪽 어디에서도 건너편을 볼 수가 없지.

우리가 현실 세계에 살듯이 상상 세계에도 사실은 많은 주민들이 살고 있어. 그들이 바라는 건 안개 낀 강을 건너 현실 세계에 닿는 거야. 그래야만 보이지 않는 존재에서 보이는 존재로 다시 태어날 수 있거든.

하지만 아무나 강을 건널 수 있는 건 아니야. 늙은 뱃사공이 젓는 조각배를 타야만 하는데, 그 배에 오르기가 좀 어려워야 말이지. 뱃사공은 반드시 현실 세계에서 다시 태어날 수 있는 주민들만 골라서 태우거든. 게다가 조각배가 상상 세계의 나루터에 나타나는 일조차 아주 드물어.

사람은 누구나 상상을 하지만 그 상상이 모두 현실로 바뀌는 건 아니잖아. 그래서 대부분의 조각배들은 늘 한산한 편이야. 우리 모두에겐 그런 강이 하나씩 다 있고, 또 상상과 현실 사이를 오가는 조각배도 있어. 물론 뱃사공도 있지. 상상 세계의 주민들을 얼마나 많이 현실 세계로 데려다주는가 하는 문제는 오로지 개인의 몫이야. 그래서 어떤 이의 조각배는 상상과 현실 사이를 평생 한두 번밖에 오가지 않는가 하면, 또 어떤 이의 조각배는 양쪽을 쉴 새 없이 오가기도 해.

지금부터 시작할 이야기는 만화가 K라는 사람의 상상 세계에서 벌어진 일들이야. 직업이 만화가이다 보니 K의 상상 세계는 온통 수많은 캐릭터들로 북적거렸지. 물론 아직은 만화로 그려지지 않은 미완성 상태지만 말이야. 하루 빨리 조각배에 올라 K가 그리는 만화책의 번듯한 등장인물이 되는 것이 그들의 유일한 꿈이었어. 하지만 아직은 그 꿈을 이룬 주민이 그리 많지 않아.

K가 처음 만화를 그리기 시작한 건 여덟 살 때부터야. 어느 외국인 신부가 운영하는 고아원에서 지낼 무렵이었지. K가 다섯 살 때였나, 놀이동산에서 엄마 손을 놓치는 바람에 그만 미아가 되고 말았는데 그때부터 쭉 거기서 살게 된 거야.

K는 말수가 적고 친구들과도 잘 어울리지 못하는 편이었어. 그래서 아무도 모르는 다락방을 비밀 공간으로 삼아 하루 종일 그림을 그리며 혼자 지냈지. 엄마 얼굴도 그리고, 두 살 터울이었던 형도 그렸어. 너무 어릴 때라 기억은 희미하지만 엄마는 국수 요리를 잘했고, 형은 코미디언처럼 사람들을 쉴 새 없이 웃게 만드는 재주가 있었던 것 같아. K는 엄마와 형의 얼굴을 그릴 때마다 도저히 눈물을 참을 수

가 없었어. 밤마다 머리맡에서 재미난 이야기를 들려주던 일, 배가 아플 때마다 "내 손이 약손이다, 내 손이 약손이다" 하고 쓰다듬어주던 일, 손톱 발톱에 봉숭아 물을 들이던 일, 그리고 형과 함께 촛불 앞에서 그림자놀이를 하던 일……

하지만 시간이 갈수록 기억이 점점 흐려지잖아. K는 기억을 잃지 않으려고 그렸다 지웠다, 그렸다 지웠다 하다가 울면서 잠이 들곤 했지. 그러다 언제부터인가 웬 소녀의 얼굴을 그리기 시작한 거야. 솔직히 남자애가 여자 캐릭터를, 그것도 꼭 순정만화에나 나올 법한 예쁘장한 소녀를 그리는 경우는 별로 없잖아.

하지만 K는 무슨 생각인지 한쪽 벽에다 소녀의 모습을 큼지막하게 그린 다음 '마법소녀 미카'라고 적었어. 그러고는 줄곧 미카의 모험을 상상하며 낙서를 했지. 당연한 얘기지만 마법소녀 미카가 살아가는 세상은 K의 현실과는 전혀 달랐어. 적어도 미카의 모험을 상상할 때만큼은 K도 더 이상 가족을 잃은 외로운 소년이 아니었지.

그런 어느 날 외국인 신부가 우연히 다락방에 들어왔다가 K의 낙서를 보게 됐어. K는 약간 겁을 먹었지. 벽이며 바닥이며 온통 낙서를 해놨으니까 말이야. 하지만 신부는 K의 머리를 쓰다듬으며 이렇게 말했어.

"남다른 재주를 지녔구나. 이 좋은 재주를 그냥 썩혀서야 쓰나."

다음다음 날 신부는 스케치북이며 물감, 붓, 연필을 잔뜩 구해 왔어. 그때부터 K는 물 만난 고기처럼 신나게 그림을 그렸지. 그렇게 K는 조금씩, 조금씩 만화가의 꿈을 키워가며 어른으로 성장한 거야. 이제 남은 건 K가 정식으로 만화책을 펴내는 일뿐이었지.

자, 이제 슬슬 K의 상상 세계로 들어갈 때가 온 것 같군. 그가 데뷔작을 준비할 무렵 상상 세계의 나루터 주변엔 벌써 몇몇 캐릭터들이 옹기종기 모여 설레는 마음으로 조각배를 기다리고 있었어.

과연 누가 제일 먼저 배에 오를 수 있을까? 상상 세계를 떠나 안개의 강을 건너 보란 듯이 만화책의 등장인물로 다시 태어날 첫 번째 주인공은 과연 누구일까?

물론 가장 영순위로 꼽히는 인물은 단연 마법소녀 미카였어. 미카도 그 사실을 잘 알았지. 달리 누가 있겠어?

미카는 어서 조각배가 나타나기만 기다리며 나루터 주변을 쓱 둘러봤어. 검정 두건을 쓴 검객도 있었고, 외계인처럼 생긴 소년도 있었지. 기다란 지팡이를 든 채 심상치 않은 기운을 내뿜는 사나이도 보였어. 생긴 건 제각각이었지만 다들 K가 한두 번쯤 그려봤던 캐릭터들이었지. 하지만 만화책의 등장인물로 그려지기 전까지는 모두 상상 속의 인물일 뿐이야. 그건 미카도 마찬가지였지.

'아, 도대체 배는 왜 안 오는 거야? 여긴 정말 지긋지긋해.'

미카는 하루빨리 안개 낀 나루터를 벗어나고 싶었어. 어딘가 엉성하고 덜떨어져 보이는 캐릭터들 사이에 끼어 있는 것 자체가 자존심 상하는 일이었거든. 그때였어.

"온다 온다, 저기 온다!"

마침내 뿌연 안개를 뚫고 조각배 한 척이 다가오기 시작한 거야. 뱃사공은 삿갓 아래 기다란 수염을 늘어뜨린 채 말없이 노를 젓고 있었지. 미카는 뱃사공을 흘깃 쳐다보며 떠날 채비를 했어. '왜 이렇게 늦었어요?' 하는 표정으로 말이야.

조각배가 뭍에 닿자 뱃사공이 천천히 몸을 일으켰어. 삿갓을 너무 깊이 눌러쓰고 있어서 얼굴은 볼 수 없었지만 왠지 위압감이 느껴지는 노인이었지. 뱃사공은 나루터에 모여든 캐릭터들을 제대로 둘러보지도 않은 채 천천히 손가락을 들었어. 미카는 기다릴 것도 없다는 듯 성큼성큼 배에 오르고 있었지. 하지만 뱃사공이 가리킨 사람은 미카가 아니라 검정 두건을 쓴 검객이었어. 미카는 어이없다는 듯 웃으며 뱃사공에게 말했지.

"이봐요, 할아버지! 저 여기 있어요. 제대로 가리켜야죠!"

하지만 뱃사공은 여전히 검객을 가리킨 채 다른 손으로 미카를 슬쩍 밀어냈어. 그러고는 검객이 배에 오르자마자 미련 없이 노를 젓기 시작했지.

"허참, 이거 미안해서 어쩌나."

검객이 미카와 나머지 캐릭터들을 향해 손을 흔드는 사이 배는 빠르게 나루터를 벗어났어. 미카는 조각배가 안개 속으로 사라진 뒤에도 뭐가 어떻게 된 건지 통이해할 수가 없었지.

"잘못된 거야. 뭔가 단단히 잘못된 게 틀림없어."

미카는 분을 삭이지 못한 채 짙게 낀 안개만 노려보았어.

"미카, 뱃사공이 실수한 게 틀림없어. 다음번엔 꼭 배를 탈 수 있을 테니 너무 상심하지 마."

오히려 다른 캐릭터들이 미카를 위로하기 시작했지. 하지만 한 달 뒤에 다시 나타난 뱃사공은 이번에도 엉뚱한 승객을 태웠어. 멀찌감치 서 있던 외계인 소년을 가리킨 거야. 그리고 다음엔 지팡이를 든 사나이가 배에 올랐지. 그렇게 하나둘씩 다 실어 나르고 난 다음 조각배는 더 이상 나타나지 않았어.

이제 상상의 강변 나루터에는 미카 혼자만 남게 되었지. 미카는 한동안 뱃사공을 원망하다가 나중엔 만화가 K를 미워하기 시작했어. 하긴 그럴 만도 해. 미카가 누구야, 가장 힘들고 외로웠던 시절을 늘 함께해왔던 최초의 캐릭터잖아. 그런 미카를 버리다니 그게 말이 돼? 하지만 미카가 할 수 있는 일은 아무것도 없었어.

상상의 나루터에는 그 이후로도 여러 후보들이 나타나 배를 기다렸고, 뱃사공은 그들을 차례차례 태워서 현실 세계로 건너갔어. 그런 일이 계속 반복되는 동안에도 미카는 여전히 배에 오르지 못한 채 하릴없이 나루터만 지켜야 했지.

어느 날 나루터에서 약간 떨어진 곳에 식당이 하나 생겼어. 웬 뚱뚱한 남자 캐릭터가 몇 주일 동안 뚝딱뚝딱 집을 짓더니 마당에 테이블과 의자를 갖다 놓은 거야. 그러고는 '세상의 모든 메뉴'라고 적힌 빽빽한 메뉴판을 걸어놓고는 정말로 온갖 음식을 다 만들기 시작했지. 셰프 김이라는 그 뚱뚱한 남자는 꼭 프랑스 영화에 나오는 요리사처럼 생겼는데 인심도 좋고 아주 쾌활한 성격이었어.

"다들 기다리느라 많이 지치셨죠? 얼른 와서 아무 요리나 다 주문하세요."

늘 마른 먼지바람만 일던 쓸쓸한 나루터에 이런 식당이 생겼다는 건 정말 반가운 일이 아닐 수 없잖아. 강가에 서서 초조하게 배를 기다리던 캐릭터들은 너도나도 셰프 김의 식당으로 몰려들더니 요리도 시키고 술도 마시면서 떠들썩하게 시간을 보냈어. 하지만 미카는 코웃음만 쳤지.

"쳇, 아주 그냥 여기서 눌러살 생각들이군."

사실 식당에 죽치고 앉은 이들 대부분이 미카처럼 매번 탈락한 캐릭터들이었어. 미카는 그런 낙오자들 틈에 끼고 싶지 않았던 거야. 하지만 식당에 머물던 그들도 결국은 하나둘씩 조각배에 올라 현실 세계로 건너가버렸지. 남은 건 셰프 김과 오갈 데 없는 두 명의 캐릭터, 그리고 미카뿐이었어.

'도대체 뭐가 잘못된 걸까? 왜 나를 이렇게 비참하게 만드는 거야?'

조각배는 한 무리의 캐릭터들을 모두 실어 나른 뒤로 한동안 나타나지 않았어. 셰프 김의 식당, 바람 부는 강변에는 쓸쓸한 탄식만 감돌았지. 쾌활하던 셰프 김도 점점 한숨이 깊어질 수밖에.

그런 어느 날 셰프 김과 두 명의 캐릭터들이 뭔가를 열심히 만들기 시작했어. 미카가 슬쩍 다가가보니 글쎄 뗏목을 만들고 있잖아.

"지금 뭐 하는 거예요?"

"보면 몰라? 뗏목이지. 이걸 타고 강을 건널 거야."

그러니까 셰프 김 얘기는 뱃사공이 태워주기만을 마냥 기다릴 게 아니라 자기네가 직접 현실 세계로 건너가겠다는 거야.

"아무래도 K가 우릴 깜빡 잊은 게 분명해. 이렇게 넋 놓고 기다리다간 영영 기억에서 사라질지도 몰라. 미카 너도 같이 갈래?"

"난 됐어요. 괜히 위험을 무릅쓰고 싶진 않아요."

하지만 다음 날 새벽, 안개 낀 강을 가로지르는 뗏목 밀항자들 틈에는 미카의 모습도 끼여 있었어. 미카는 더 이상 강변 나루터에 혼자 남아 있고 싶지 않았던 거야.

"현실 세계에 닿으면 K가 우릴 등장인물로 그려줄까요?"

일행 중 한 명이 셰프 김에게 물었어.

"그걸 말이라고 하나? 강 건너편까지만 가면 무조건 현실 세계에서 다시 태어나게 돼 있어."

그러는 동안 뗏목은 서서히 짙은 안개 속으로 들어가기 시작했어. 다들 바짝 긴장하기 시작했지. 멀리서 볼 때보다 안개가 훨씬 짙었거든. 옆 사람 얼굴조차 안 보일 정도로 말이야. 바로 그때였어. 강물 위로 갑자기 소용돌이가 생기더니 순식간에 뗏목을 삼켜버린 거야. 미카는 비명을 지를 새도 없이 물속으로 가라앉고 말았어. 그 강은 우리가 알고 있는 강과는 전혀 달랐지. 모든 것을 빨아들이는 망각의 강이었거든.

다시 눈을 떴을 때 미카는 드디어 현실 세계로 향하는 줄만 알았어. 왜냐하면 삿갓을 눌러쓴 뱃사공이 노를 젓고 있었거든. 하지만 배는 반대쪽, 그러니까 미카가 떠나왔던 상상의 나루터를 향하고 있었어.

"배를 돌려요, 돌아가고 싶지 않아요! 저쪽 세계로 가야만 해요!"

그러자 묵묵히 노를 젓던 뱃사공이 처음으로 입을 열었어. 아주 멀리서 들려오는 듯한 신비로운 목소리였지.

"다 늙어서 어딜 가려고?"

"그게 무슨 소리예요? 전 아직 어려요."

하지만 강물에 비친 제 얼굴을 보는 순간 미카는 기절할 정도로 놀라고 말았어. 머리가 하얗게 변해버린 노파의 얼굴이 보였거든.

"살아난 것만도 다행이라고 생각하게. 이 강에 빠지고도 사라지지 않은 건 아마 자네가 처음이자 마지막일 게야."

뱃사공이 말하기를 이 강에 빠지면 그대로 영원히 사라진다는 거야. 그건 죽음보다 더 가혹한 일이잖아. 미카는 천만다행으로 뱃사공에게 구조되긴 했지만 그 대신 호호백발 할머니가 되고 만 거야.

잠시 후 뱃사공은 늙어버린 미카를 나루터에 내려놓고는 새로운 캐릭터 두 명을 태운 뒤 다시 안개 속으로 사라졌어. 그사이 나루터 주변엔 제법 많은 후보들이 속속 모여들고 있었지. 그들은 강 건너편에서 안개를 뚫고 온 미카를 신기한 듯 쳐다보았어. 미카는 눈물을 흘리며 나루터를 벗어났지. 구경거리가 되고 싶진 않았거든. 하지만 딱히 갈 데가 없잖아. 결국 미카가 향한 곳은 셰프 김이 살던 식당이었어. 그곳은 주인이 사라진 뒤로 줄곧 텅 비어 있었지. 미카는 지친 몸으로 방문을 열고는 그대로 고꾸라져 죽은 듯이 잠만 잤어. 일주일이 넘도록 말이야.

긴 잠에서 깨어났을 때 미카는 몸도 마음도 완전히 꼬부랑 할머니로 변해 있었지. 게다가 소녀 시절의 감정마저 희미해졌어. 몸이 늙어버린 만큼 기억조차 아스라이 멀어지고 있었던 거야. 그때 밖에서 낯선 목소리가 들려왔어.

"여기 주문 안 받아요?"

문을 열고 나가보니 서너 명의 손님들이 테이블에 둘러앉아 다리를 주무르고 있지 뭐야. 다들 조각배를 타러 온 캐릭터들이었지. 미카는 좀 당황했을 거야. '내가 왜 주문 따위를 받아야 하지?' 하는 생각도 들고 말이야. 그래서 퉁명스럽게 "장사 안 해요" 하고는 자기도 손님인 양 테이블 앞에 앉아 강만 바라보고 있었지. 손님들은 미카를 멀뚱멀뚱 쳐다보다가 뭐라고 투덜거리며 식당을 떠났어.

'나한테 왜 이런 일이 생겼을까.'

할머니가 되어버린 미카는 이제 더 이상 K를 미워할 힘조차 남아 있지 않았지. 가만히 앉아 있어도 팔다리, 어깨가 쑤시고 눈도 침침해졌어. 강에 빠졌을 때 차라리 영영 사라지는 편이 더 나았을 거라는 생각마저 들었지. 무엇보다 괴로운 건 '앞으로 도대체 뭘 하면서 살아야 하나' 하는 막막함이었어.

계절이 여러 번 바뀌는 동안 강변 나루터는 예전보다 훨씬 활기 넘치는 곳으로 변해갔어. 식당 근처에 호텔도 생기고 슈퍼마켓이며 카페도 하나둘씩 생겨났지.

또 그만큼 조각배를 타려는 길손들도 부쩍 늘어났어. 뱃사공은 그들을 실어 나르느라 몹시 분주해졌지. 나루터에 모인 캐릭터들은 서너 번만 기다리면 대부분 조각배에 오를 수 있었어. 아주 가끔 미카처럼 번번이 탈락하는 이들도 있었지만 그들도 결국은 배를 타고 안개 너머 현실 세계로 떠나갔지. 상상의 나루터에서 여태껏 배에 오르지 못한 캐릭터는 오직 미카 한 사람뿐이었던 거야. 하지만 미카는 더 이상 미련을 갖지 않기로 했어. 뭐 딱히 그럴 생각도 없고 말이야. 그래도 마음 깊은 곳에는 여전히 K에 대한 서운함이 찰랑찰랑 고여 있었지.

언젠가 한번은 뱃사공이 식당으로 들어서는 바람에 적잖이 놀란 적이 있어. 늘 나루터에서 캐릭터들을 태우고 훌쩍 떠나기만 하던 양반이 웬일인가 싶었지.

"잔치국수도 되나? 한 그릇 말아주게."

"장사 안 한다니까요."

그러면서도 미카는 마지못해 뱃사공에게 상을 차려줬어. 뱃사공은 천천히 맛을 음미해가며 국수를 먹기 시작했지. 그때 미카가 지나가는 말투로 물었어.

"K, 그 작자는 어떻게 살고 있나요?"

뱃사공은 대답이 없었어. 그러다가 식당을 떠날 때쯤 돼서야 이렇게 중얼거렸지.

"상상의 나루터가 이렇게 분주하다는 건 그만큼 쉬지 않고 만화를 그리고 있다는 뜻 아니겠는가. 그 청년은 지금 아주 잘나가고 있네."

뱃사공이 떠난 뒤 미카는 잠시 분노와 슬픔으로 부들부들 떨어야 했어. 지금까지 수많은 캐릭터를 창조하며 인기를 누려오는 동안 K는 단 한 번이라도 미카를 생각해봤을까? 무엇보다 미카는 뱃사공의 입에서 나왔던 '그 청년'이란 말이 너무 가슴 아팠어. K는 아직 청년인데 자기는 꼬부랑 할머니가 되어 있잖아. 그토록 곱고 예쁘던 소녀가 말이야.

그날 밤 미카는 혼자 이불을 뒤집어쓰고 많이 울었어. 좋은 추억 하나 없이 너무 긴 세월을 훌쩍 살아버린 느낌이었지. 퉁퉁 부은 눈으로 새벽을 맞이할 무렵, 미카는 반쯤 넋이 나간 표정으로 중얼거렸어.

'그래, 사라지는 거야. 영원히.'

그러고는 이제 막 어둠이 걷히기 시작한 강변으로 터덜터덜 걸었지. 강물은 그 어느 때보다 깊어 보였어. 미카는 신발을 가지런히 벗어두고 물을 향해 한 발, 두 발 들어가기 시작했지. 온몸으로 차갑고 섬뜩한 느낌이 퍼져 나가던 그 순간, 웬 소년 하나가 시야에 들어왔어. 한눈에 봐도 누더기 차림에 땟국이 줄줄 흐르는 거지 소년이 허리까지 강물에 잠긴 채 서 있는 거야.

"얘, 너 뭐하는 게냐?"

"헤엄쳐서 건널 거예요. 암만 기다려도 배에 태워주지 않잖아요."

"이 강은 헤엄칠 수 있는 강이 아니야. 영원히 사라지는 강이지."

"그럼 할머닌 왜 그러고 있어요?"

말문이 딱 막혀버린 미카는 거지 소년을 물끄러미 쳐다봤어. 마치 오래전의 자신을 보는 것 같았지. 미카는 소년에게 다가가 손을 잡았어. 일단은 강에 뛰어드는 것부터 막아야 하잖아. 그런데 손아귀에 힘을 주는 건 오히려 녀석이었지. 어쩌면 누군가 자기 손을 잡아주기만을 기다린 게 아닐까 싶을 만큼 꽉 잡는 거야. 미카는 뭐라고 말해야 할지 몰라 망설이다가 겨우 입을 열었어.

"일단 국수라도 한 그릇 먹고 생각해보자꾸나."

거지 소년은 국수를 세 그릇이나 뚝딱 비웠어.

"국수가 너무 맛있어요. 한 그릇만 더 주세요."

조금 전만 해도 목숨 걸고 헤엄쳐서 강을 건너려고 했던 녀석이 지금은 배가 올챙이처럼 볼록 튀어나오도록 국수를 먹고 있잖아. 그러고는 그 자리에 벌렁 드러누워 코를 골기 시작했지.

'원 녀석, 얼마나 고단했으면.'

미카는 설거지를 끝낸 다음 야외 테이블 앞에 앉아 나루터 주변을 바라봤어. 그렇게 한나절 물끄러미 바라보고 있자니 왠지 전에는 안 보이던 것들이 점점 눈에 띄기 시작했지.

벌써 몇 년째 조각배에 오르기만 기다리는 소외된 캐릭터들이 눈에 들어온 거야. 미카는 그들 표정 하나하나에서 자신이 느꼈던 것과 똑같은 절망을 보았어. 측은한 느낌이 왜 안 들겠어? 언제 올지 모르는 조각배를, 그것도 꼭 탈 수 있다는 보장도 없이 마냥 기다린다는 게 얼마나 피곤한 일인지 미카는 너무나 잘 알고 있잖아. 미카는 그들에게 천천히 다가갔어. 그러고는 어깨에 손을 얹고 이렇게 말했지.

"갑시다. 국수라도 먹고 힘을 내야지."

미카는 그렇게 오갈 데 없는 길손들을 하나하나 데려가기 시작했어. 뱃사공이 될성부른 캐릭터들을 저쪽 세계로 실어 날랐던 것처럼 말이야. 그러곤 주방으로 들어가 아궁이에 불을 지피고 상을 차리기 시작했어. 그 모습이 마치 오래전부터 그런 일을 해온 것처럼 자연스러웠어. 식당에 있던 '세상의 모든 메뉴'라는 메뉴판도 치워버렸지. 그냥 국수 하나만 팔기로 한 거야.

거지 소년은 시키지 않았는데도 주문을 받고 국수를 내가고 청소도 하고, 꼭 식당 종업원처럼 굴었어. 미카의 손자로 여기는 사람도 많았지. 솔직히 미카도 녀석이 점점 귀엽게 느껴졌어.

날이 갈수록 미카의 식당은 점점 별 볼일 없는 캐릭터들의 휴식처로 변해갔어. 누구보다 오래 기다렸지만 번번이 배에 오르지 못한 길손들, 뭔가 있어 보이면서도 왠지 자신감이 느껴지지 않는 자투리 캐릭터들이 대부분이었지. 그래서 다들 미

카의 식당을 '자투리 식당'이라고 부르게 됐어.

자투리건 뭐건 배에 오르지 못한 길손들만 자주 접하다 보니 미카의 눈도 점점 달라지지 않겠어? 예전에는 생각하지 않았던 것들, 그러니까 상상의 캐릭터에서 현실의 캐릭터로 거듭나기 위해서는 도대체 어떤 것들이 더 필요한지 어렴풋이 보이기 시작한 거야. 어떤 길손은 누가 봐도 훤칠한 체구에 잘생긴 외모를 지녔지만 한두 마디만 건네봐도 속이 텅 빈 느낌이 들었지.

"댁은 눈에 보이는 것들을 좀 더 깊이 느껴봐야 할 것 같구려. 세상을 자기 느낌으로 보고, 자기 느낌으로 가득 채워야지."

처음엔 다들 미카의 말을 제대로 이해하지 못했어. 하지만 아무런 노력도 하지 않고 그저 뱃사공이 점지해주기만 기다려서는 안 된다는 생각을 하나둘씩 하기 시작한 거야.

언제부터인가 자투리 식당의 길손들은 구석진 테이블에 모여 서로의 매력이나 장점들에 대해서 토론을 일삼게 됐어. 거기엔 거지 소년도 꼭 끼곤 했지. 다들 처음엔 K의 상상 속에서 생겨난 인물들이지만 이제 스스로 자신을 다듬어보기로 한 거야. 뭐 그렇다고 별 볼일 없던 캐릭터들이 눈에 띄게 확 변하지는 않았겠지. 하지만 분명한 것은 전에 없던 자신감들을 조금씩 찾기 시작했다는 거야.

식당 분위기도 점점 흥겨워졌어. 거기엔 거지 소년의 재롱이 크게 한몫했지. 녀석은 사람을 웃기는 재주가 있어서 입만 열면 다들 웃음을 빵빵 터뜨렸어. 그런 모습을 바라보며 미카는 이런 생각을 했지.

'그래, 이제부터라도 좋은 추억을 만들어보는 거야.'

어느 날 놀라운 일이 벌어졌어. 나루터에 도착한 뱃사공이 자투리 식당으로 곧장 걸어와서는 자투리 길손 두 명을 지목한 거야. 정말 꿈같은 일이잖아.

가족처럼 지내던 캐릭터 두 명이 배에 올라 나루터를 떠날 때 미카와 나머지 자투리 식구들은 마치 자기 일인 양 뿌듯해 했어. 그리고 그날부터 자투리 식당의 분위기도 완전히 바뀌었지.

"할머니, 저도 곧 배에 오를 수 있겠죠?"

소년은 그 어느 때보다 신이 나 있었지.

"그럼, 그걸 말이라고."

그런데 참 이상하지? 미카는 늘 소년이 하루빨리 배에 오르기를 누구보다 간절히 원했잖아. 그런데 막상 녀석이 자기 곁을 떠난다고 생각하니 너무 허전한 거야. 솔직히 꽉 붙잡고 싶은 마음도 전혀 없진 않았지.

얼마 후 다시 뱃사공이 자투리 식당을 찾아와 또 다른 식구들을 데려갔어. 모두들 만세를 불렀지. 이제 자투리 식당은 오갈 데 없는 길손들의 휴식처가 아니라 현실 세계로 건너가는 도약대처럼 여겨지기 시작한 거야.

"이게 다 미카 할머니 덕분이에요."

자투리 식당의 식구들은 점점 늘어났고, 그 뒤로도 뱃사공은 매번 다음 승객들을 데려갔지.

하지만 그 행복한 분위기는 더 이상 길게 이어지지 않았어. 언제부터인가 뱃사공의 발길이 뚝 끊어지고 말았거든. 자투리 식당을 찾지 않았다는 뜻이 아니라 아예 나루터 근처에 나타나지 않은 거야. 몇 주일, 몇 개월이 흘러도 강변엔 짙은 안개만 끼어 있었지.

"어떻게 된 영문인지 모르겠네. 하루가 멀다 하고 들어오던 배가 통 보이질 않으니."

다들 근심이 이만저만이 아니었어. 미카도 슬슬 걱정되기 시작했지. 혹시 만화가 K가 더 이상 만화를 그리지 않기로 한 건 아닌가 하는 불안이 밀려왔지.

그사이 계절이 몇 번 바뀌었고 나루터 주변은 아주 삭막한 곳으로 변해버렸어. 자기 차례를 기다리던 수많은 캐릭터들도 하나둘씩 어디론가 사라지고 이제 자투리 식당엔 미카와 소년만 남게 되었지. 사방을 둘러봐도 보이는 거라곤 쓸쓸한 먼지 바람뿐이야.

"할머니, 이제 우린 어떡하죠? 앞으로 영영 저쪽 세계로 못 건너가게 될까 봐 겁이 나요."

자투리 길손들이 하나둘 떠날 때도 언젠가 자기 차례가 올 거라 굳게 믿고 있던 소년의 마음을 알기에 미카의 가슴은 바위처럼 무거웠어.

"희망을 갖고 기다려보자꾸나."

그렇게 다독이긴 했지만, 소년은 점점 의기소침해지더니 자주 아프기 시작했어. 자투리 식당의 길손들을 깔깔 웃게 만들던 그 쾌활한 녀석이 밥도 넘기지 못하고 점점 말라가잖아. 미카는 속이 타들어갔어.

어느 날 미카는 안개 낀 강변으로 나가 목청껏 뱃사공을 불렀어. 다 부질없는 짓인 줄 뻔히 알면서도 말이야.

"영감, 뱃사공 영감! 제발 좀 돌아와요!"

강물은 물결조차 멈췄고 안개도 점점 짙어지기만 했지.

어느 날 안개가 살짝 걷히는가 싶더니 거짓말처럼 배가 나타났어. 미카는 배가 뭍에 닿기도 전에 뱃사공에게 외쳤지.

"식당에 누워 있는 저 어린것을 데려가주시구려. 누구보다 애타게 강을 건너고 싶어 했다오."

하지만 뱃사공의 입에선 절망적인 목소리가 흘러나왔어.

"그래 봐야 소용없네. K는 더 이상 만화를 그릴 수 없어. 큰 병을 앓고 있거든. 살아날 가망이 별로 없다네."

그 말을 듣자마자 미카는 그 자리에 풀썩 주저앉고 말았지.

"K가 죽으면 저 소년은 어떻게 되나요?"

"모두 다 사라질 걸세. 자네도 나도, 그리고 이 나루터와 소년까지 영영 사라질 수밖에 없네. 우린 모두 K의 상상이 만들어낸 존재들이니까."

아, 얼마나 허무해. 미카는 너무 허탈해서 오히려 웃음이 나올 지경이었지.

"아무도 실어 가지 않을 거면서 왜 왔수?"

미카는 힘 빠진 목소리로 뱃사공에게 물었어.

"마지막으로 자네가 말아주는 국수나 한 그릇 먹고 가려고."

미카는 또 한 번 허탈한 웃음을 지으며 뱃사공을 식당으로 데려갔어. 그리고 잠든 소년의 이마에 손을 얹어보고는 냉큼 주방으로 가서 상을 차렸지. 뱃사공은 마치 성스러운 의식이라도 치르듯 천천히 젓가락을 들었어.

"그 잘나가던 인기 만화가가 대체 어쩌다가 그런 몹쓸 병에 걸렸나……."

미카는 맞은편에 걸터앉아 혼잣말처럼 중얼거렸어.

"잘은 모르지만 아마 제 몸조차 돌보지 않고 일만 하다가 그리된 게 아닐까 싶네. 인기도 좋고 출세도 다 좋지만…… 참 어리석게 살았던 모양일세."

미카는 생각하면 할수록 분통이 터졌지. 딱 한 번만이라도 K를 볼 수 있다면 욕이라도 실컷 해줄 텐데 말이야. 생각이 거기까지 닿자 미카는 정말로 K를 한 번 만나고 싶어졌지. 그래서 뱃사공에게 말했어.

"영감, 날 K에게 데려다줄 수 있수?"

"소용없다고 말하지 않았나. 자넨 그저 미완성 캐릭터에 불과하고, K는 더 이상 만화를 그릴 수 없다고 말이야."

"그럼 이대로 넋 놓고 앉았다가 K와 함께 그냥 사라지란 말이우?"

뱃사공은 대답 없이 고개만 끄덕였어. 그러고는 상을 물리더니 끙, 하고 일어섰지. 자투리 식당을 떠나려다 말고 뱃사공은 잠시 걸음을 멈추더니 미카에게 말했어.

"한 가지 방법이 있네만 그다지 권하고 싶진 않군."

"말해보시구려. 이 마당에 내가 못할 게 뭐가 있겠수?"

"강으로 뛰어들게."

"나더러 완전히 사라지란 말이우?"

"사라지겠지. 하지만 사라지기 전에 딱 하루의 시간이 주어질 걸세. 그 시간 동안 살아 있는 존재가 되어 K를 만날 수 있을 게야. 물론 지금은 만나봐야 아무 말도 나눌 수 없겠지만."

뱃사공은 그 말을 남긴 채 조각배에 올라 안개 속으로 천천히 자취를 감추었지.

홀로 남겨진 미카는 밤새 잠든 소년의 볼을 쓰다듬으며 고민하고 또 고민했어. 그리고 날이 밝을 무렵, 미카는 맨발로 강변에 서서 생각했지. K도 자기 자신도, 그리고 뱃사공과 소년도 결국은 사라져야 할 운명이라면 더 이상 두려워할 필요가 없다고. 미카는 만에 하나라도 K와 이야기할 수 있는 기회가 주어진다면 꼭 묻고 싶은 말이 있었어.

'K, 왜 나를 잊었나요?'

미카는 마음속으로 그 말을 되뇌며 깊은 강을 향해 몸을 던졌어.

깊은 강물에서 정신을 잃었던 미카가 다시 깨어난 곳은 K가 예전에 살던 고아원이었어. 지금은 그냥 평범한 건물로 변해 있었지.

'줄곧 여기서 살았구나.'

문을 열고 들어서지 어두운 침묵이 짙게 깔려 있었어. 건물 내부는 만화가의 작업실로 꾸며져 있었고, 벽에는 수많은 그림과 그동안 K가 펴낸 만화책들로 가득

했지. 미카가 몇 권을 휘리릭 펼쳐보니 예전에 상상의 나루터에 머물던 수많은 캐릭터들이 만화 속 인물로 변해 있었어. 참 반가운 얼굴들이야.

'K는 어디 있지?'

미카는 K를 찾아 건물을 뒤지기 시작했어. 그러다 한쪽 벽 뒤에 있는 작은 방에서 마침내 K를 보았지. 나이가 한 마흔쯤 되어 보이는 수척한 사내가 죽은 듯이 잠들어 있었어. 미카는 K를 불러보고 손을 잡아보기도 했지만 거의 의식불명 상태인 탓에 반응이 전혀 없었지.

'인기 만화가가 이토록 쓸쓸하게 죽어가다니……'

미카는 이해할 수가 없었어. 건물 내부를 아무리 둘러봐도 인기 만화가의 흔적은 찾아볼 수가 없었거든. 살림살이도 변변치 않아 보였어. 가족은 물론 제대로 된 가구조차 없잖아.

그러다가 벽에 붙은 편지며 액자를 보게 된 거야. 그것들을 하나하나 들여다보던 미카는 낮게 한숨을 내쉬었어. 편지마다 '만화가 K 아저씨, 고마워요. 덕분에 다시

꿈을 꿀 수 있게 되었어요'라는 문구들이 적혀 있었지. 또 액자마다 고아원 아이들과 함께 찍은 사진이나 외국의 난민촌에서 일하는 K의 모습이 들어 있었어. 미카는 그동안 K가 '희망 전도사'니 '성자가 된 만화가'니 하는 수식어로 불렸다는 사실을 알게 되었지.

그래, K는 만화가로 성공하긴 했나 봐. 하지만 인기를 누리기보다는 오갈 데 없는 고아들을 보살피거나 어려운 이웃들을 위해 가진 것을 모두 내놓은 채 스스로 가난한 삶을 살아왔던 거야.

"미련한 친구, 제 몸이 축나는 것도 모르고……."

미카의 눈이 그렁그렁해졌지. 마지막으로 미카는 혹시나 하는 마음을 품은 채 예전의 그 다락방을 찾았어. 다락방은 어린 K가 숨어 지낼 때와 거의 같은 모습을 고스란히 간직하고 있었지. 벽에 칠해진 낙서까지 그대로였어. 벽에서 자신의 옛 모습을 보는 순간 미카는 참았던 눈물을 터뜨리고 말았지. 예쁘고 매력적인 마법 소녀 미카가 커다란 독수리를 타고 하늘을 날아다니는 그림이었어. 솔직히 그때만 해도 미카는 훗날 가장 성공적인 캐릭터로 거듭나게 될 줄만 알았지.

잠시 후 미카는 잠든 K 곁으로 다시 돌아왔어. 자, 이제 뭘 해야 하나? K는 영영 의식을 회복하지 못할 테고 자신에게 주어진 시간은 이제 하루도 채 안 남았잖아.

미카는 쭈글쭈글한 손으로 K의 이마를 쓰다듬기 시작했어. 입에서는 자기도 모르게 "내 손이 약손이다, 내 손이 약손이다" 하는 소리가 흘러나왔지. 그렇게 한참 K를 쓰다듬던 미카는 무슨 생각에서인지 밖으로 나가 봉숭아 꽃잎을 따 와서는 그걸 그릇에 넣고 정성껏 빻은 다음 K의 손톱에 올려놓고 잎사귀로 동여맺지. 갑자기 왜 이런 행동을 하는지 자기 자신조차 알 수 없었지만 왠지 마음이 점점 푸근해지는 느낌이었어. 미카는 촛불을 밝히고는 K의 머리맡에 앉아 그림자놀이도 했어.

그런데 그때 머리맡 한쪽 구석에서 희미하게 바랜 낡은 액자를 보게 된 거야. 그 액자 속엔 K가 그림으로 그린 엄마와 어린 형이 활짝 웃고 있었지. 미카가 놀란 건 두 사람의 얼굴 때문이었어. 엄마의 얼굴은 영락없이 미카를 닮았고, 형은 바로 자투리 식당에 잠들어 있는 소년의 얼굴과 똑같았거든.

"그랬었구나, 그랬었어. 그것도 모르고 널 원망만 했었구나."

미카는 그동안 자신이 왜 배에 오르지 못했는지 알 것 같았어. K는 미카를 잊고 있었던 게 아니라 한순간도 잊은 적이 없었던 거야. 왜냐하면 늘 마음 깊은 곳에 미카를 품고 있었으니까.

미카는 죽은 듯이 잠든 K의 손을 잡고 얼마나 울었는지 몰라. 그때였어. 축 늘어져 있던 K의 손아귀에 갑자기 힘이 들어가기 시작한 거야. 의식은 여전히 회복하지 못했지만 미카의 손만큼은 꽉 붙잡았지. 절대로 놓치지 않겠다는 듯이 말이야.

밤이 점점 깊어지자 미카는 K의 머리맡에 비스듬히 앉아 이야기를 하염없이 들려주기 시작했어. 주로 자투리 식당에서 있었던 일들이었지. 웃겼던 일, 슬펐던 일, 신났던 일……, 그렇게 하나하나 이야기해주는 동안 미카에게 주어진 시간은 점점 줄어들었어.

마침내 창밖이 훤하게 밝아오기 시작할 즈음, 미카는 잠든 K의 귓전에 대고 이렇게 속삭였지.

"고마워, 사랑해."

그게 미카가 남긴 마지막 말이었어. 곧이어 잠든 K의 가슴 위엔 미카가 들고 있던 낡은 액자만 놓여 있었지. 다락방 벽에 그려져 있던 마법 소녀 미카의 그림도 점점 희미해지더니 말끔하게 사라지고 말았어. 상상과 현실 그 어디에서든 미카가 존재했던 모든 흔적이 한꺼번에 사라진 거야. 심지어 K의 모든 기억에서조차.

이것으로 모든 이야기가 끝난 것일까? 그건 아니야. 미카가 사라지고 얼마쯤 지났을 때 K가 기적처럼 눈을 떴거든. K는 긴 잠에서 깨어난 뒤 늘어지게 기지개를 켰어. 그러곤 창문을 활짝 열고 방을 청소하기 시작했지. 오래오래 푹 쉬고 났더니 몸이 아주 가뿐해졌나 봐. K는 하루 종일 청소를 하더니 오후쯤 되어서야 오랜만에 책상 앞에 앉았어.

"다음엔 어떤 이야기를 그리려고 했더라?"

K는 멍하니 생각에 잠길 때마다 자기도 모르게 연필을 쓱쓱 움직이는 버릇이 있었어. 잠시 후 책상 위에는 아주 예쁘장한 소녀의 얼굴이 그려져 있었지. K는 흥미롭다는 듯 그림 속 소녀를 뚫어지게 들여다봤어.

"가만있자, 이름을 뭐라고 붙여줄까?"

K는 작업실 내부를 두리번거리다 눈에 띄는 조각상 하나를 발견했어. 성모 마리아상 옆에 세워진 미카엘 대천사의 조각상이었지. 사실 어릴 때 K를 돌봐주던 외국인 신부의 이름도 미카엘이었어. 고아원 아이들은 그 신부가 나타날 때마다 '미

카, 미카' 하며 달려가곤 했었지.

"미카엘, 미카엘, 미카……. 좋아, 넌 이제부터 미카야, 미카. 마법 소녀 미카!"

저녁 무렵, K의 머릿속에는 이미 한 편의 이야기가 만들어지고 있었어. 마법 소녀 미카의 멋진 모험 이야기였지. K는 주인공 미카 곁에 아주 괜찮은 남자친구가 하나 있어야겠다고 생각했어. 그래야 이야기가 좀 더 흥미진진해질 것 같았거든.

바로 그 즈음, 상상과 현실 사이를 흐르는 깊은 강 위로 조각배 한 척이 안개를 뚫고 빠르게 나아가고 있었어. 뱃사공은 그 어느 때보다 부지런히 노를 저었지. 얼른 가서 자투리 식당에 누워 있는 소년을 깨우려고 말이야.

미카의 하루

어느 만화가의 상상 속에 미카라는 소녀가 살고 있었어요.

미카는 날마다 강가에 서서 배를 기다렸어요.

나루터에는 미카 말고도 여러 사람이 모여 있었어요.

다들 배에 오르기만을 간절히 바라고 있었죠.

배를 타고 강 건너편까지만 가면

만화책의 주인공으로 다시 태어날 수 있거든요.

하지만 뱃사공은 아무나 태워주지 않았어요.

만화가가 주인공으로 선택한 사람만 배를 탈 수 있었죠.

솔직히 미카는 자기가 제일 먼저 배에 오를 거라 믿었어요.

하지만 뱃사공은 번번이 다른 사람들만 태웠죠.

그때마다 미카는 속으로 만화가를 욕하고 미워했어요.

사실 그럴 만도 해요.

왜냐하면 만화가가 오래전부터 즐겨 그린 캐릭터가 바로 미카거든요.

만화가는 어릴 때 놀이동산에서 엄마 손을 놓치는 바람에

고아원에서 자랐어요.

만화가는 엄마와 형이 그리울 때마다 그림을 그리곤 했는데,

그때 그린 그림이 바로 미카였죠.

그래서 나중에 만화가가 진짜로 만화를 그리게 됐을 때

미카는 자기가 첫 번째 주인공이 될 거라 굳게 믿었던 거예요.

하지만 만화가는 엉뚱한 주인공을 선택하고 말았어요.

'이번엔 정말 내 차례야. 꼭 배를 타게 될 거야.'

미카는 두 손을 꼭 쥐고 간절하게 빌었어요.

하지만 삿갓 아래 기다란 수염을 늘어뜨린 뱃사공은

이번에도 다른 사람을 가리켰어요.

미카는 눈물을 흘리며 터덜터덜 돌아가야만 했죠.

그 후로도 많은 날이 흘렀지만 미카는 여전히 나루터를 벗어나지 못했어요.

그런 어느 날 한 무리의 사람들이 뗏목을 만들어 물에 띄웠어요.

만화가가 불러줄 때까지 기다릴 수 없다며 직접 강을 건너겠다는 거예요.

미카도 당연히 뗏목에 올라탔겠죠?

하지만 안개 속으로 들어가자마자

갑자기 소용돌이가 일더니 강이 뗏목을 삼켜버리고 말았어요.

미카는 비명을 지를 새도 없이 물속으로 가라앉았어요.

이 강은 모든 것을 영원히 사라지게 하는 무서운 강이었어요.

다행히 미카는 뱃사공 덕분에 목숨을 건질 수 있었어요.

하지만 어찌 된 셈인지 물에서 나오자마자

꼬부랑 할머니로 변해버렸지 뭐예요.

미카에게는 이제 아무런 희망도 남아 있지 않았어요.

그저 눈물과 한숨으로 하루하루를 보낼 뿐이었죠.

그때부터 미카는 나루터 식당에서

오갈 데 없는 사람들에게 국수를 만들어주며 살았어요.

미카처럼 오랫동안 배를 기다려온 사람들이 대부분이었죠.

그중에는 재롱둥이 소년도 있었어요.

그 소년은 미카 곁에서 식당 일도 돕고

손님들을 재미있게 해주는 재주꾼이었죠.

녀석도 다른 사람들처럼 배를 타고 강을 건너는 게 꿈이었어요.

그런데 언제부터인가 배가 나타나지 않았어요.

아무리 기다려도 강 위로 짙은 안개만 끼어 있었죠.

배를 기다리던 사람들도 하나둘씩 나루터를 떠나는가 싶더니 나중엔 미카와 소년만 남게 되었어요.

알고 보니 만화가가 몹쓸 병에 걸려 더 이상 만화를 그릴 수 없게 된 거예요.

정말 큰일이었어요. 만화가가 죽으면 상상의 나라도 사라지고,

미카와 소년도 사라질 테니까요.

끝까지 배를 기다리던 소년도 이제 시름시름 앓기 시작했어요.

미카는 죽기 전에 어떡하든 만화가를 만나보고 싶었어요.

하지만 만화가를 만나려면 강으로 뛰어들어야 했어요.

그럼 딱 하루 동안 만화가를 만날 수 있었죠.

물론 그 하루가 지나면 미카는 영원히 사라지게 될 거예요.

미카는 어차피 사라질 운명이라면

만화가를 꼭 만나야겠다며 강으로 몸을 던졌어요.

현실 세계에 도착한 미카는 만화가의 작업실에서 다시 눈을 떴어요.

예전에 만화가가 살던 고아원이었죠.

미카는 많이 놀랐어요. 성공한 줄만 알았던 만화가가

너무 초라하고 쓸쓸하게 누워 있었기 때문이에요.

미카는 벽에 붙은 사진이며 편지들을 본 뒤에야

만화가가 그동안 어떻게 살아왔는지 알게 됐어요.

만화가는 자기처럼 희망을 잃은 사람들을 보살피며 살아왔던 거예요.

미카는 다락방에서 예전에 만화가가 즐겨 그리던 자기 모습도 보았어요.

그러다 만화가의 머리맡에 놓인 낡은 액자를 보는 순간,

미카는 그만 눈물을 흘리고 말았어요.

액자 속에는 만화가가 그린 엄마와 어린 형이 활짝 웃고 있었죠.

그런데 엄마의 얼굴은 미카를, 형의 얼굴은 재롱둥이 소년을

쏙 빼닮았던 거예요.

미카는 그동안 만화가가 왜 자기를 불러주지 않는지 알 것 같았어요.

만화가는 미카를 잊은 게 아니라 늘 가슴에 품고 있었던 거예요.

미카는 잠든 만화가의 손을 꼭 쥔 채 밤새도록 이야기를 들려주었어요.

엄마처럼 말이에요.

마침내 창밖이 훤히 밝아올 즈음,

미카는 만화가의 귀에 대고 이렇게 속삭였어요.

"고마워, 사랑해."

그 말이 끝나자마자 미카는 감쪽같이 사라지고 말았어요.

그 대신 죽은 듯이 잠들어 있던 만화가가 깨어났죠.

긴 잠에서 깨어난 만화가는 기지개를 켜더니 다시 만화를 그리기 시작했어요.

만화가는 이제 마음속 깊이 숨겨두었던 진짜 이야기를 그리고 싶었죠.

아리따운 소녀 미카와 재롱둥이 소년이 주인공으로 나오는

그런 이야기 말이에요.

아빠의 생각보따리

"간절히 원하는 아이로 자라렴."

누구에게나 상상과 현실을 가로지르는 강이 있어.

또 그 강을 오가는 조각배도 있고 뱃사공도 있단다.

배가 상상과 현실 사이를 분주히 오갈수록

현실은 점점 더 풍요로워질 거야.

왜냐하면 그만큼 꿈꾸고 상상하던 것들을

하나하나 이루었다는 얘기니까 말이야.

물론 상상만 열심히 한다고 다 되는 건 아니란다.

상상이 현실로 이루어질 거라는 믿음도 필요하고,

그 믿음을 현실로 만들기 위한 노력도 필요해.

그 모든 것을 떠받치는 힘이 바로 간절함이야.

우리가 무언가를 간절히 꿈꾸다 보면

상상 세계에서도 우리처럼 간절히 꿈을 꾼단다.

그래서 그 간절함이 서로 통하는 순간 꿈이 현실로 바뀌는 거야.

아빠는 네가 많은 것을 간절히 꿈꾸고, 또 이룰 거라 믿어.

그래서 아빠보다 훨씬 더 멋진 삶을 살게 되겠지.

하지만 아빠도 만만치 않단다.

왜냐하면 아빠도 간절히 원하는 게 참 많으니까.

둥둥, 신나는
세상 속으로

지난해 늦가을, 나는 두 번째 동화책에 담을 이야기 소재
를 찾느라 여기저기 참 많이도 걸어 다녔습니다. 시끌벅적
한 재래시장도 기웃거리고 미로처럼 복잡한 골목길을 수
없이 헤매기도 했죠. 휴대폰 카메라로 사진도 찍고 손바닥
만 한 수첩에다 빽빽이 메모도 했습니다.

　　이야기 소재는 세상 어디에나 널려 있다지만, 쓰는 이
의 마음이 어디에 가 있느냐에 따라 인연이 닿기도 하고 또
멀어지기도 하는 모양입니다. 된장국을 먹고 싶은 사람의
눈엔 된장만 보이고, 두부찌개를 먹고 싶은 사람의 눈엔 두
부만 보이듯이 말입니다.

　　하지만 때로는 도대체 어떤 이야기를 쓰고 싶은지 통
알 수 없을 때도 있었습니다. 그런 날은 무작정 막걸리를
사 들고 마음 맞는 이웃을 찾곤 했죠.

　　빈 술병이 늘어날수록 우리는 말이 많아지고, 또 그렇
게 주고받는 대화 속에서 꽤 쓸 만한 문장을 줍기도 합니

다. 예를 들어 "김 형, 작가에게 생활은 거름과도 같은 거야. 냄새가 풀풀 나지만 그 속에서 이야기가 싹트거든." 이런 문장 말입니다.

솔직히 그 무렵 나는 생활에 너무 지친 나머지 글쓰기를 잠시 접을까 말까 고민하고 있었습니다. 동화를 쓰기도 어렵지만 사실은 동화를 쓰면서 살아가기가 훨씬 더 어렵다는 것도 뒤늦게 알았습니다. 전설의 약초를 찾아 환상 세계로 떠난 모험가의 이야기를 신명나게 쓰다가도 우편함에서 두툼한 고지서와 독촉장을 꺼내고 나면 순식간에 현실 세계의 초라한 주민이 되고 마는 식이죠.

그런데 이웃 얘기는 이게 다 거름이고 이 속에서 진짜 이야기가 싹튼다는 겁니다. 나는 그 말을 수첩에 적어놓고 거름에 물을 주는 심정으로 다시 책상 앞에 앉았습니다. 그렇게 한 이랑 두 이랑 글밭을 갈던 어느 날, 친한 이웃 하나가 내게 큰 선물을 주었습니다.

"어디 조용한 데 가서 글 쓰고 싶지 않아? 강원도 깊은 산골에 빈집이 한 채 있는데 혼자 지내기에 딱 좋아. 거기서 겨울을 나는 건 어때?"

다음 날 아침, 나는 이웃이 그려준 약도를 들고 곧장 기차역으로 향했습니다.

내가 도착한 곳은 산골마을 외진 골짜기에 있는 방 한 칸짜리 황토 오두막이었습니다. 여기까지 전기가 들어온다는 게 신기할 만큼 적막강산이었죠. 이런 곳에서 외롭지 않게 지내려면 쓰고 있는 이야기 속에 어떡하든 푹 빠지는 수밖에 없었습니다.

"좋아, 아주 좋아, 이런 데서 글 쓰는 게 소원이었잖아."

하지만 웬걸, 막상 그런 환경이 주어지자 오히려 잡생각이 쏙쏙 돋아났습니다. 이 생각 저 생각에 밤새 뒤척거린 다음 날, 나는 사람 냄새라도 좀 맡아야겠다 싶어 마을을 찾았습니다.

겨울방학을 맞은 시골 분교에는 텅 빈 운동장만 덩그렇게 누워 있었습니다. 혼자서 운동장을 거닐고 있자니 어디선가 축구공 하나가 데굴데굴 굴러왔습니다. 작고 야무지게 생긴 꼬마 녀석 하나가 저쪽 골대 앞에 서서 손을 흔들고 있었죠. 공을 툭 차줬더니 녀석이 다시 내 쪽으로 공을 뻥 차는 겁니다. 허참, 공이 몇 번 왔다 갔다 했습니다.

그러다 내가 좀 세게 차는 바람에 공이 그만 담장을 넘어가고 말았습니다. 녀석은 공을 쫓아 잽싸게 달려가기 시작했습니다. 암만 기다려도 안 오는 걸 보니 공이 아주 멀리 굴러 내려간 모양입니다.

녀석은 한참 뒤에 나타났는데 혼자가 아니었습니다. 자기보다 키가 한 뼘 더 큰 아이를 달고 온 겁니다. 서로 아무 말도 없이 셋이서 다시 공을 차기 시작했죠. 그런데 공이 또 학교 밖으로 날아가버리고 이번에도 작고 야무진 녀석이 잽싸게 달려갔습니다. 운동장엔 키 큰 아이와 나, 이렇게 둘만 남았습니다.

"이름이 뭐니?"

"창식이요."

"몇 학년?"

"5학년."

약간 무뚝뚝해도 대답은 곧잘 합니다. 공 찾으러 간 녀석은 4학년이고 마을에서는 그냥 '돌멩이'로 통한다고 합니다. 잠시 후 돌멩이 녀석이 가쁜 숨을 내쉬며 올라왔습니다. 또 한 녀석을 달고 말이죠. 이번엔 자기보다 좀 작은 계집아이였습니다.

"쟨 2학년 달래예요."

창식이는 이제 묻지 않아도 척척 말해줍니다.

넷이서 공을 찼습니다. 그다음부터는 정말 이상한 일들이 벌어졌습니다. 공이 학교 밖으로 날아갈 때마다 돌멩이 녀석이 새로운 아이를 하나씩 달고 왔죠. 또 그때마다 창식이는 마치 해설자처럼 내게 귀띔을 해주었습니다.

"쟨 3학년 한이, 그 옆엔 한이 동생 찬이, 그리고 지금 넘어진 애는 마니예요. 마니는 남자애들보다 씩씩해요."

무심코 공 한번 찼다가 반나절 만에 산골 아이들 여섯을 한꺼번에 알게 되었습니다. 그러게 시골 분교에서는 함부로 공을 차는 게 아닙니다.

열두 살 창식이가 제일 선배고 여섯 살 마니가 막내였습니다. 그날 하루 동안 나는 녀석들이 이 시골 분교의 전교생이고, 마을 어디에도 놀 만한 곳이 따로 없으며 심심하던 차에 도시에서 온 희멀건 아저씨를 놀이 상대로 삼기 시작했다는 사실까지 모두 알게 되었습니다. 함께 공을 찼다는 이유만으로 녀석들은 다음 날 이른 아침부터 문을 쾅쾅 두드리며 나를 귀찮게 했습니다.

처음 사나흘은 짐짓 녀석들 장단에 맞춰보기도 했습니다. 솔직히 '동화를 쓰려면 애들하고 친해져야지' 하는 생각도 없진 않았죠. 하지만 녀석들은 깨어 있는 모든 순간을 놀이로 채워야 하는 나이답게 잠시도 쉬지 않고 산비탈을 멧돼지처럼 뛰어다녔습니다. 녀석들과 일일이 호흡을 맞추다간 심장마비에 걸릴 것 같았죠. 닷새째 되는 날, 나는 마침내 칩거를 선언했습니다.

"얘들아, 아저씬 이제 일을 해야 돼. 다음에 놀자."

아이들은 갑자기 아끼던 장난감을 빼앗긴 표정이 되고 말았습니다. 그런 표정을 뒤로한 채 문을 쾅 닫고 책상 앞에 앉은 내 심정도 썩 편치만은 않았죠. 하지만 나는 이 겨울이 다 가기 전에 동화를 마쳐야만 했습니다.

다행히 녀석들은 말귀를 잘 알아들었는지 더 이상 나를 방해하지 않았습니다. 하지만 딱 한 녀석, 창식이만큼은 아직 미련을 못 버린 탓에 날마다 집 주변을 혼자 어슬렁거리곤 했습니다. 물론 대놓고 나를 부르진 않았지만 그래도 신경이 쓰이는 건 어쩔 수 없었죠.

하루는 녀석을 불러 함께 라면을 끓여 먹기로 했습니다. 다 먹고 나자 녀석은 시키지도 않았는데 설거지를 뚝딱 해치우더니 밥상까지 행주로 싹싹 닦는 것이었습니다. 한두 번 해본 솜씨가 아니었습니다. 나는 갑자기 녀석이 궁금해져서 처마 밑에 나란히 앉아 이야기를 주고받았습니다.

알고 보니 창식이는 이 마을 아이가 아니었습니다. 원래 집은 산 너머 큰 도시에 있는데 작년부터 엄마가 앓아눕는 바람에 잠시 외할머니 댁에 와 있게 되었다는 겁니다. 그러면서 어쩌면 이 시골 분교에서 6학년까지 다니게 될지도 모른다며 약간 우울한 표정을 지었습니다.

"그렇구나. 엄마 많이 보고 싶겠다. 아빠도."

"괜찮아요. 참을 수 있어요."

하지만 얼굴은 하나도 안 괜찮아 보였습니다.

"그래, 씩씩하게 이겨내야지. 앞으로 종종 라면이나 같이 끓여 먹자꾸나. 꼭 너 혼자 와야 돼."

여섯 명이 우르르 몰려왔다간 겨울 식량이 금방 동이 날지도 모를 일입니다. 아무튼 창식이는 그 한마디가 무척 반가웠던 모양입니다. 하지만 약속은 잘 안 지키는 녀석이었습니다. 왜냐하면 다음 날 점심 무렵에 나머지 다섯 명까지 죄다 데리고 왔으니까 말입니다. 7인분의 라면을 한 번에 끓일 솥이 없어서 세 차례 나눠 끓여야 했습니다.

"아저씨, 재미있는 얘기 해주세요."

설거지를 끝내자마자 달래와 마니가 졸라대기 시작했습니다. 나는 어쩔 수 없이 아이들에게 쓰고 있던 동화의 줄거리를 짤막짤막 들려주기 시작했습니다.

"무쎈이란 눈사람이 있었는데 인간이 되고 싶어서 배를 타고 항해를 떠났어. 그런데 가다가 해적을 만나는 바람에 일이 틀어지고 말았지."

별 반응이 없을 줄 알았는데 아이들은 의외로 잔뜩 호기심을 갖기 시작했습니다. 나는 은근히 신이 나서 곰 사냥꾼 이야기며 요리하는 마녀 이야기, 말하는 거울이야기, 동물원을 탈출한 호랑이 이야기 따위를 줄줄 읊어댔습니다. 이야기란 참 이상한 힘이 있어서 첫 시작은 사람이 하지만 나중엔 이야기가 사람을 끌어가곤 하죠. 거기에 청중의 마음까지 실리게 되면 전혀 예상하지 못했던 새로운 이야기를 낳기도 합니다.

한껏 꿈을 꾸던 아이들은 창밖에 땅거미가 깔릴 즈음에서야 이야기 속 세상에서 깨어나기 시작했습니다.

"매일매일 듣고 싶어요."

좀처럼 만족할 줄 모르는 마니가 못내 아쉽다는 듯 얼굴을 찌푸렸습니다. 다른 아이들도 마니와 같은 표정을 짓고 있었죠. 하긴 녀석들 입장에서 보면 정말 따분하고 지루한 겨울인 게 사실이었습니다.

도시 아이들이라면 누구나 하나씩 갖고 있을 게임기나 컴퓨터도 하나 없고, TV는 어른들 차지인 데다가 산골마을 어디에도 놀이터라곤 보이지 않았습니다. 학교 운동장에 있는 철봉이며 그네, 미끄럼틀 정도가 유일한 놀이 기구였는데 그마저도 너무 낡아 탈 때마다 끽끽 쇳소리를 내곤 했죠. 나는 결국 녀석들과 이렇게 합의했습니다.

"앞으로 일주일에 화요일, 금요일만 모이는 거다. 약속 어기면 하루씩 깎을 거야."

나는 아이들 대표로 나선 돌멩이 녀석과 악수를 했습니다. 그날이 금요일이었으니까 다음 주 화요일까지 나흘 정도는 일에 집중할 수 있겠다 싶었죠.

　　나흘은 순식간에 지나갔습니다. 다음 주 화요일 아침, 누가 문을 쾅쾅 두드리는 바람에 아직 덜 깬 눈으로 문을 열었더니 창식이가 서 있었습니다.

　　"이것 좀 보세요."

　　녀석은 다짜고짜 전단지 한 장을 내게 불쑥 내밀었습니다. 거기엔 이렇게 적혀 있었죠.

　　환상적인 묘기, 신기한 동물 쇼! 둥둥 서커스단이 찾아온다!

　　"서커스구나. 요즘도 이런 게 다 있네? 보러 갈 거니?"

　　그러자 녀석은 나머지 다섯 명과도 이미 약속을 해놓은 상태라고 말했습니다. 다시 전단지를 보니 공연 날짜는 앞으로 보름 뒤, 장소는 아랫마을 너른 공터였고 입장료는 무려 7천 원이었습니다.

"너희들 돈 있어?"

"오늘부터 돈을 벌기로 했어요."

"어떻게 벌 건데?"

"나물을 캐서 시장에 내다 팔 거예요."

"그래, 부지런히 벌어야겠구나."

나는 속으로 잘됐다 싶었습니다. 앞으로 보름 동안은 녀석들도 무척 바쁘겠지. 나는 듣도 보도 못한 그 서커스단이 더없이 고마웠습니다.

창식이가 돌아가고 나서 오전 나절 동안 일을 조금 한 다음 잠시 쉬는 틈에 휴대폰으로 '둥둥 서커스단'을 검색해보았습니다. 하지만 그런 서커스단은 없었습니다. 시골의 삼류 서커스단이라서 그런가 싶었죠. 그런데 그날 오후 아랫마을 슈퍼마켓에 들렀다가 주인에게 물었더니 금시초문이라는 겁니다.

"서커스라니, 곡마단 말인감? 아니 요새 그런 게 어디 있어? 다 우리 어릴 때 얘기지."

"보름 뒤에 저기 저 공터에서 열린다던데요? 전단지에 그렇게 적혀 있었어요."

"전단지라니? 난 구경도 못해봤네. 포스터 한 장 안 붙였는데 뭐."

나는 이거 아무래도 좀 이상하다 싶어 마을을 한 바퀴 돌며 조사하기 시작했습니다. 하지만 서커스 공연에 대해서 아는 사람은 단 한 명도 없었습니다.

나는 다시 산골마을로 돌아와 아이들을 찾았습니다. 녀석들은 학교 뒷산에서 칡이며 더덕 따위를 열심히 캐고 있었습니다.

"창식아, 그 전단지 다시 보여줄래? 이거 어디서 났니?"

"아랫마을에서 주웠는데, 왜요?"

전단지에는 분명히 공연 날짜며 행사 주최, 예매 안내까지 적혀 있었습니다. 하지만 안내 전화번호로 전화를 걸어봐도 없는 번호라는 음성만 흘러나왔습니다.

"얘들아, 이 전단지 아무래도 잘못된 것 같구나. 사실 둥둥 서커스단이란 것도 없는 것 같아. 누가 장난으로 만든 게 아닐까?"

그렇게 말하면서 아이들 표정을 보는 순간 나는 아차 싶었습니다. 녀석들은 칡 뿌리를 캐느라 흙 범벅이 된 얼굴로 창식이만 멀뚱멀뚱 쳐다보고 있었습니다.

"창식이 너 거짓말한 거지? 전단지 네가 만들었지?"

돌멩이가 다짜고짜 퍼붓자 다른 아이들도 덩달아 창식이를 에워싸기 시작했습니다. 나는 서둘러 아이들을 달래보았지만 이미 창식이의 얼굴은 돌처럼 굳어 있었습니다.

"싫으면 관둬! 나 혼자 갈 테니까!"

나는 창식이를 붙잡으려 했지만 이미 녀석은 다람쥐처럼 산으로 내빼고 있었습니다.

사흘 뒤인 금요일, 다섯 아이들이 찾아왔습니다.

"창식이는?"

"그 거짓말쟁이하고는 이제 안 놀아요."

돌멩이가 말했습니다. 창식이는 어디 있냐고 물었더니 그동안 캐놓은 나물을 짊어지고 혼자 시장에 갔다고 했습니다.

"너희도 좀 도와주지 그랬니. 서커스가 아니더라도 같이 아랫마을 가서 놀다 오면 좋잖아."

"싫어요. 우리끼리 놀 거예요."

나는 정말 창식이에게 죄를 지은 기분이었습니다. 한편으론 그 전단지를 정말 창식이가 만들었을까 하는 의심도 들었습니다. 만일 그렇다면 왜 그랬을까? 금방 들통 날 거짓말을 왜 했을까?

나는 아이들에게 라면을 끓여준 다음 자전거를 타고 아랫마을로 향했습니다. 창식이는 찬바람 부는 시장 한구석에서 어른들 틈에 끼어 나물을 팔고 있었습니다. 하지만 나물을 사 가는 사람은 아무도 없었습니다. 나는 슈퍼마켓 주인에게 슬쩍 돈을 쥐어주며 창식이의 나물을 죄다 사달라고 부탁했습니다. 그런 다음 한사코 뿌리치는 창식이를 억지로 끌다시피 중국집으로 데려갔습니다.

"서커스 얘기를 마저 해야겠구나. 그 전단지에 대해서 먼저 말해줄래?"

탕수육과 짜장면을 실컷 먹인 다음 넌지시 물었더니 녀석의 입에서 드디어 자초지종이 흘러나왔습니다. 얘기인 즉, 외할머니 심부름으로 아랫마을에 갔을 때 강변에서 웬 삿갓 쓴 뱃사공을 만났다는 겁니다. 그 늙은 뱃사공이 창식이를 부르더니 전단지를 주며 이렇게 말했다고 합니다.

"이건 아무한테나 주는 게 아니란다. 서커스 공연은 분명히 열릴 게야. 믿지 않는 사람이 더 많겠지만 일단 믿어보기로 했다면 아주 멋진 서커스를 구경할 수 있을 게다.”

그러곤 다시 조각배를 저어 강 건너로 사라졌답니다. 그날은 유난히 안개가 많이 끼어서 뱃사공을 끝까지 볼 수는 없었다고 했습니다. 나는 창식이가 하는 말을 어디까지 믿어야 할지 난감했습니다. 표정으로 봐선 전혀 거짓말을 하는 것 같지 않았지만 그렇다고 그 말을 다 믿을 수는 없는 노릇이었죠.

“나물은 얼마나 팔았니? 서커스 입장권은 살 수 있겠어?”

“예, 여섯 명 다 들어갈 수 있어요.”

“친구들 것까지 다 내주려고?”

“나물을 같이 캤으니까 서커스도 같이 봐야죠.”

가만 보니 꽤나 의리가 있는 녀석이었습니다.

“아저씨도 같이 가실래요?”

“미안하지만 난 그럴 시간이 없단다.”

며칠이 더 흐르고 기어이 서커스 공연 당일이 되었습니다. 그날 나는 아침부터 마음이 싱숭생숭해져 있었습니다. 세상에 단 한 장밖에 없는 그 전단지에 의하면 공연 시작은 오후 7시부터였습니다. 허황된 일인 줄 알면서도 ‘과연 서커스단이 올까?’ 하는 생각이 드는 건 어쩔 수 없었습니다. 당연히 일도 손에 안 잡혔죠.

마침내 시곗바늘이 오후 7시를 가리킬 무렵, 나는 더 이상 참지 못하고 자전거에 올랐습니다. 산골의 겨울은 밤이 일찍 찾아오기 때문에 라이트를 켜야 할 만큼 캄캄했습니다. 부쩍 추워진 날씨 탓에 아랫마을로 이어진 외길을 달리는 동안 길가엔 아무도 보이지 않았습니다.

나는 곧장 공터가 있는 강변으로 자전거를 몰았습니다. 가로등 하나 없는 강변 길은 그야말로 칠흑 같은 어둠에 잠겨 있었습니다. 이런 곳에서 서커스가 열릴 거라고는 도저히 상상할 수 없는 분위기였죠. 공터에 도착했을 때 시계는 이미 8시를 가리키고 있었습니다.

눈을 들어 공터를 바라보는 순간 나는 깜짝 놀라고 말았습니다. 늘 휑뎅그렁하던 공터에 어마어마하게 큰 천막이 쳐져 있었기 때문입니다. 서커스를 하고도 남을 만한 크기였죠. 하지만 거기까지였습니다. 불빛 한 점 없는 그곳엔 관중은커녕 희미한 인기척조차 느껴지지 않았습니다. 축제를 알리는 음악 소리도, 사회자의 떠들썩한 안내 멘트도 당연히 없었습니다. 천막 안을 살짝 들춰도 봤지만 무거운 침묵과 어둠, 그리고 퀴퀴한 냄새뿐이었습니다.

다시 눈길을 돌려 천막 주변을 훑어보던 나는 강변 벤치에 오도카니 앉아 있는 자그마한 뒷모습을 보았습니다. 가슴이 아팠습니다. 가까이 다가가지 않아도 창식이라는 것쯤은 충분히 알 수 있었습니다. 나는 천천히 다가가 옆자리에 슬며시 앉았습니다. 손을 만져보니 얼음처럼 차가웠죠.

"모닥불이라도 피우자꾸나."

나는 여기저기 나뒹구는 빈 드럼통을 가져와 나무토막을 던져 넣은 다음 어렵사리 불을 지폈습니다. 불빛에 아른거리는 창식이의 볼 위로 두 줄기의 눈물 자국이 희미하게 남아 있었습니다.

"그 뱃사공 할아버지가 저를 속인 거예요."

창식이가 불쑥 말했습니다.

"맞아, 참 고약한 노인네야. 창식이 넌 잘못한 게 없어. 그리고 언젠가는 서커스보다 더 멋진 축제를 만나게 될지도 몰라."

그렇게 말해놓고 보니 나도 그 늙은 뱃사공과 별로 다를 게 없다는 생각이 들었습니다. 아이들과 말할 때는 은유나 상징을 쓰지 말아야 한다는 걸 깜빡 잊은 겁니다. 그들의 믿음엔 아무런 현실적인 조건이 없기 때문입니다.

그렇게 나란히 앉아 드럼통 모닥불을 쬐며 몸을 녹이고 있자니 뒤에서 인기척이 느껴졌습니다.

"거봐, 아무도 없잖아. 서커스는 무슨……."

돌멩이의 볼멘 목소리가 들려왔습니다. 돌멩이 옆에 한이, 찬이, 마니, 달래도 보였습니다. 하나같이 빵모자에 목도리, 장갑으로 중무장한 모습이었죠. 녀석들은 어둠에 잠긴 천막 극장을 바라보며 한동안 요란스럽게 투덜대더니 불가로 하나둘씩 모여들었습니다. 서커스 공연이 없다는 걸 알았으니 이제 서둘러 돌아갈 일만 남았을 텐데 웬일인지 다들 미련을 못 버리는 눈치였습니다.

"배들 고프지? 일단 뭘 좀 먹자꾸나."

나는 돌멩이와 한이, 찬이에게 돈을 쥐어주며 뭐든지 먹고 싶은 걸 다 사 오라고 말했습니다. 사방이 어둠에 잠겼어도 녀석들은 자기들만 아는 가게가 따로 있는지 어디론가 쪼르르 달려갔습니다.

솔직히 나는 밤 10시쯤까지만 녀석들과 어울릴 생각이었습니다. 다들 허전한 마음일 테니 뭘 좀 먹여가며 살살 달래다가 늦지 않게 돌아갈 요량이었죠. 하지만 아이들은 캄캄한 천막 극장만 쓸쓸히 바라보고 있었습니다. 모닥불가에 치킨이며 순대, 만두, 과자 따위가 잔뜩 쌓여 있었지만 가라앉은 분위기는 좀처럼 살아나지 않았습니다.

그사이 시계는 어느새 10시를 가리키고 있었습니다. 이제 슬슬 미련을 떨칠 때가 온 거죠. 나는 아이들을 둘러보며 눈짓으로 이제 그만 일어서자는 신호를 보냈습니다. 그때 누군가 어두운 강을 가리키며 소리쳤습니다.

"어, 저게 뭐지?"

우린 일제히 고개를 돌렸습니다. 어둠 속에서 불을 밝힌 배 한 척이 천천히 다가오고 있었습니다. 잠시 후 삿갓을 깊게 눌러쓴 뱃사공이 먼저 내리더니 밧줄을 기둥에 묶었습니다. 곧이어 스무 명 남짓한 승객들이 하나둘씩 내리기 시작했습니다. 곰 가죽을 뒤집어쓴 사냥꾼에다 빨간 두건을 쓴 아가씨, 바이올린을 들고 있는 소

년, 그리고 커다란 거울을 아기처럼 안고 있는 귀부인까지 하나같이 범상치 않은 모습들이었습니다. 나는 작디작은 조각배에 어떻게 그 많은 승객들이 타고 있었는지 의아하기만 했습니다. 게다가 승객들은 저마다 서커스 전단지를 손에 쥐고 있었습니다. 그들도 역시 서커스를 보러 온 관객들이었던 겁니다.

하지만 정말 놀라운 일은 등 뒤에서 벌어지고 있었죠. 내내 어두운 침묵에 잠겨 있던 거대한 천막 극장에서 갑자기 휘황찬란한 빛이 켜지더니 둥둥 북소리와 함께 요란한 음악이 터져 나오기 시작한 겁니다. 창식이와 돌멩이, 한이, 찬이, 달래, 마니가 한목소리로 외쳤습니다.

"서커스다, 서커스!"

그것은 바로 낯선 시간의 시작을 알리는 출발 신호였습니다.

"만만디, 자네 때문에 늦었잖아. 하여튼 자넨 행동이 너무 굼떠서 문제야"

원숭이 오공은 서커스장으로 향하는 내내 호랑이 만만디에게 핀잔을 늘어놓았다. 둘이서 옥신각신하는 사이 모닥불가에 모여 있던 사람들은 길게 줄지어 선 채 천막 극장 안으로 들어서기 시작했다. 맨 뒤에 어정쩡하게 서 있던 동화작가는 연신 사방을 둘러보며 아직도 꿈인가 생시인가 하는 표정만 짓고 있었다.

잠시 후 천막 극장의 입구가 닫히자 모닥불가에는 한 사람도 남아 있지 않았다. 그 순간 너른 공터를 띡하니 차지하고 있던 거대한 천막 극장이 소리 없이 사라지고, 하늘에서는 그 겨울 첫눈이 내리기 시작했다. 강변에서 바람이 불어와 꺼질 듯 춤을 추던 모닥불마저 끝내 꺼뜨리고 나자 공터에는 이제 짙은 어둠과 무거운 침묵만 맴돌았다.

같은 시각, 천막 극장 안에서는 서커스가 아니라 또 다른 신세계가 펼쳐지고 있었다. 푸른 하늘 위로 신비로운 새들이 날아다니고 따뜻한 봄 햇살이 초록 숲과 잔디밭 위에 물결처럼 부서져 내리고 있었다.

아직 눈길이 닿지 않은 곳에서는 게으른 페인트공이 열심히 붓질을 하고 있었고, 그 옆에서는 만화가 K가 재빠른 손놀림으로 익살스런 캐릭터와 상상 속의 풍경을 쉴 새 없이 그려내고 있었다. 두 사람의 붓이 지나간 자리마다 알록달록한 색깔과 함께 새로운 세계가 하나둘씩 열렸고, 그때마다 창식이와 달래, 마니는 와아, 와아 함성을 지르며 박수갈채를 보냈다.

작고 다부진 체격의 돌멩이는 만만디의 의형제들과 함께 구름으로 이어진 풀밭 위를 신나게 내달렸고, 잔잔한 성격의 한이는 어린 음악가 한스가 연주하는 바이올린 소리를 들으며 호수 옆 오솔길을 거닐었다. 호기심 많은 찬이는 아까부터 눈

사람 무셴 곁에 바싹 달라붙어 손가락으로 겨드랑이를 쿡쿡 찔러대고 있었다. 그때마다 무셴은 깔깔 웃으며 바닥을 나뒹굴었다. 잔디밭 한쪽에서는 도서관 할배 춘삼이를 중심으로 수많은 청중들이 둘러앉아 『아르고 호의 대모험』이라는 창작동화에 귀 기울이고 있었다. 동화작가도 청중들 틈에 끼어 앉아 입을 반쯤 벌린 채 정신없이 이야기에 빠져드는 중이었다.

정작 서커스는 호수 위에 떠 있는 시골 극장 레젠다에서 이제 막 열리려는 참이었다. 피에르의 단짝인 이반이 마이크를 잡더니 시원스런 목청으로 서커스의 시작을 알렸다.

"아아, 신사숙녀 여러분! 잠시 후 둥둥 서커스단이 준비한 판타지 공연이 그 화려한 막을 올리겠습니다. 놓치면 평생 후회할 그랜드 쇼가 펼쳐집니다. 한 분도 빠짐없이 레젠다로 들어오세요!"

이반의 목소리가 메아리치자 사방에 흩어져 있던 관객들이 일제히 레젠다로 향하기 시작했다. 잠시 후 레젠다의 현관문이 수많은 관객을 한아름 품은 채 서서히 닫혔다.

서커스는 장장 사흘 밤낮으로 계속 이어졌지만 시간이 멈춘 이곳에서는 아무도 시계를 들여다보지 않았다. 기상천외한 쇼가 끝없이 펼쳐지는 가운데 어린 달래와 마니는 미카 할머니의 어깨에 기대어 꾸벅꾸벅 졸았고, 남자아이 넷은 만만디 형제, 무셴, 해적과 나란히 앉아 쉴 새 없이 감탄사를 터뜨리며 박수를 쳤다.

마침내 긴긴 서커스 공연이 모두 끝나자 관객들은 다시금 햇빛 가득한 넓은 세상으로 몰려나왔다. 그사이 극장 밖은 페인트공과 만화가 K의 합작으로 이전과는 또 다른 세계가 열리고 있었다.

아이들은 사냥꾼 둥가와 그의 딸 루나를 따라 숲으로 들어가 활쏘기를 배운 다음 저마다 활을 들고 들판을 쏘다니기 시작했다. 동물들은 화살에 맞을 때마다 간지럽다는 듯 풀밭을 뒹굴며 깔깔거렸다.

"얘들아, 출출하지 않니?"

숨 가쁘게 쫓아다니던 동화작가는 여섯 아이들을 언덕 위 지니의 레스토랑으로 데려갔다. 주방에서는 한 번도 본 적 없는 요리들이 끝없이 나왔고, 웨이터로 변신한 까마귀 도노반은 접시를 나르느라 진땀을 흘렸다. 여섯 아이들은 한쪽 테이블 위에 빈 접시가 산처럼 쌓이도록 배불리 먹은 뒤에도 좀처럼 일어날 줄 몰랐다.

"매일매일 이런 요리를 먹고 싶어요."

돌멩이가 빈.접시들을 가리키며 중얼거렸다. 그러자 언제 다가왔는지 마녀 지니가 돌멩이의 등을 어루만지며 말했다.

"한 가지 방법이 있어. 요리법을 배우면 돼."

"정말요? 가르쳐주실 거예요?"

잠시 후 지니는 아이들을 주방으로 데려가 자신의 특별 레시피인 '행복한 도시락'을 공개하기 시작했다. 창식이는 동화작가가 건네준 수첩에다 요리 과정을 꼼꼼히 적기까지 했다.

지니의 레스토랑에서 나오자 언덕 아래 펼쳐진 푸른 바다 위로 눈사람 무셴의 작은 범선이 둥실둥실 다가오고 있었다.

"배다, 배를 타자!"

아이들은 누가 먼저랄 것 없이 바닷가로 내달렸다. 바닷가 선착장에는 이미 승객들이 줄지어 서 있었다. 이윽고 승선이 시작되자 동화작가와 여섯 아이들은 까르르 웃으며 배에 올랐다.

"출발! 돛을 올려라!"

그와 동시에 기다렸다는 듯 큰바람이 불어왔다. 범선은 수평선을 향해 힘차게 나아가기 시작했다. 갑판 위에는 동화작가와 여섯 아이들, 그리고 삿갓 쓴 뱃사공이 데려왔던 모든 승객들이 옹기종기 앉아 싱그러운 바닷바람을 맞고 있었다.

"거울아, 거울아! 세상에서 누가 제일 예쁘니?"

달래와 마니가 왕비의 거울 앞에 나란히 서서 묻자 거울은 따분하다는 듯 "네가 제일 예뻐" 하고 중얼거렸다. 나머지 아이들도 신기한 듯 거울 앞으로 몰려들었다.

"이렇게 마음 내킬 때마다 신나게 떠나고 싶어요."

창식이가 수평선을 바라보며 중얼거렸다. 그러자 무셴이 창식이에게 말했다.

"마음 내킬 때마다 떠날 수 있는 주문을 가르쳐줄까? 가슴에 손을 얹고 '둥둥!' 하고 소리쳐봐. 둥둥!"

여섯 아이들이 나란히 서서 바다를 향해 "둥둥!" 하고 소리치자 큰 파도가 부서지며 물보라가 튀었다. 아이들은 물을 뒤집어쓴 채 또 한 번 까르르 웃어댔다.

배가 먼바다를 향해 끝없이 나아가는 동안 갑판 위의 승객들은 하나둘씩 하품을 하기 시작했다. 만만디와 춘삼이는 벌써 바닥에 드러누워 코를 골았고, 피에르와 이반 역시 한스의 자장가 연주를 들으며 꾸벅꾸벅 조는 중이었다. 지칠 줄 모르고 뛰고 웃던 아이들도 하나둘씩 바이올린 선율에 취해 잠이 들었다.

영원히 바다를 항해할 것 같았던 범선은 잠든 승객들을 태운 채 멀리 보이는 선착장을 향해 넘실넘실 파도를 넘고 있었다. 배가 점점 가까이 다가갈수록 선착장 뒤로 눈 덮인 천막 극장이 천천히 그 모습을 드러내기 시작했다. 사방은 어느덧 겨울밤으로 변해 있었고, 갑판 위의 승객들은 깊은 잠에서 깨어날 줄 몰랐다.

모닥불은 꺼진 지 오래였지만 이상하리만큼 따뜻한 온기를 뿜어내고 있었습니다. 날은 서서히 밝아오고, 모닥불가에 둥글게 앉아 있던 창식이와 한이, 돌멩이, 찬이, 달래, 마니는 서로서로 꼭 껴안은 채 쌕쌕 잠들어 있었습니다. 주변은 온통 흰 눈에 덮여 있는데 어째서 추위가 전혀 느껴지지 않는지 나는 도무지 알 수 없었습니다.

고개를 돌려 천막 극장을 바라보았습니다. 천막 입구에는 '우리 고을 장터 축제'라고 적힌 커다란 현수막이 새벽바람에 펄럭이고 있었습니다.

'이 녀석들, 집에서 걱정하겠네.'

아이들을 어떻게 깨워서 데려갈까 고민하고 있을 때 마침 돌멩이 아버지의 낡은 9인승 승합차가 다가오고 있었습니다.

"아이고, 여기서 밤새 애들하고 노셨구먼."

사람 좋고 걱정 없는 돌멩이 아버지는 보온병에서 커피를 따라 내게 건네주었습니다. 따뜻한 커피가 온몸을 나른하게 녹이는 동안 돌멩이 아버지는 잠든 아이들을 하나하나 차에 실었습니다. 나도 자전거를 공터에 그냥 세워둔 채 차를 타기로 했습니다. 차가 공터를 떠날 때 나는 무심코 안개 낀 강을 바라보았습니다. 강 위에 조각배 한 척이 떠가고 있었지만 안개에 가려 잘 보이지 않았습니다.

그날 이후로도 아이들은 매주 화요일, 금요일마다 찾아와 라면을 끓여 먹고 한나절씩 실컷 놀다 가곤 했습니다. 우리들 중에서 둥둥 서커스에 대해 입을 여는 사람은 아무도 없었습니다.

솔직히 나는 깨어보니 꿈이더라, 하는 식의 이야기를 그다지 좋아하지 않는 편입니다. 어쨌든 인간은 현실적인 존재이며 결국 논리와 이성이 지배하는 일상으로 돌아와야만 한다는 일방적인 주장이 싫어서입니다. 중요한 것은 이쪽이든 저쪽이든 마음 내킬 때마다 자유롭게 떠날 수 있다는 믿음이겠죠. 그런 자유가 있어야 비로소 상상력이 힘을 갖게 될 겁니다.

그래서 나는 그날 조각배를 타고 왔던 한 무리의 승객들이나 천막 극장 안에서 누렸던 낯선 시간들에 대해 구태여 왈가왈부하지 않는 아이들이 오히려 신기하고 또 고마웠습니다.

산골마을의 겨울은 유난히 길었고, 나는 마음에 담아두었던 모든 이야기들을 글로 옮겼습니다.

겨울이 서서히 끝나가던 어느 금요일, 변함없이 여섯 아이들이 찾아왔습니다. 문을 열자 창식이 녀석이 뭔가를 불쑥 내밀었습니다.

"이게 뭐니?"

"도시락이요. 우리가 만들었어요. 행복한 도시락."

나는 씩 웃으며 도시락 뚜껑을 열어보았습니다. 애들 솜씨답지 않게 훌륭한 요리가 담겨 있었습니다. 그것이 지니의 특별 레시피로 탄생한 도시락이라는 것쯤은 말하지 않아도 알 수 있었습니다.

"오늘은 이 도시락을 먹으면 되겠구나. 어서 들어와라."

하지만 아이들은 고개를 저었습니다.

"우린 갈 데가 있어요."

"그래? 어디 가는데?"

"창식이네 집이요. 창식이 엄마한테 도시락 갖다 드리러 가는 거예요."

그러고 보니 아이들은 저마다 보자기에 싼 도시락을 하나씩 들고 있었습니다.

"그 먼 데를 너희들끼리만?"

"할 수 있어요. 걱정 마세요, 둥둥!"

아이들은 손을 흔들며 길을 떠났습니다. 나는 제각각 자기들만의 행복한 도시락을 품에 안은 채 먼 길을 가는 여섯 아이들을 오래도록 바라보았습니다. 꿈인지 현실인지 구태여 밝히지 않아도 될 그해 겨울도 그렇게 둥둥 흘러가고 있었습니다.

태교 동화를 읽는 시간, 지혜를 배우는 아이

하루 5분 아빠 목소리

초판 1쇄 발행 2014년 11월 20일 **초판 63쇄 발행** 2024년 1월 25일

지은이 정흥
그린이 김승연
펴낸이 이승현

편집1 본부장 한수미
라이프 팀

펴낸곳 ㈜위즈덤하우스 **출판등록** 2000년 5월 23일 제13-1071호
주소 서울특별시 마포구 양화로 19 합정오피스빌딩 17층
전화 02) 2179-5600 **홈페이지** www.wisdomhouse.co.kr

ⓒ 정흥, 2014

ISBN 979-11-86117-00-2 13590